BIBLIOTHÈQUE ILLUSTRÉE D'HORTICULTURE
LES
CONIFÈRES
INDIGÈNES — EXOTIQUES
TRAITÉ PRATIQUE
DES
ARBRES VERTS OU RÉSINEUX
PAR C. DE KIRWAN
Sous-Inspecteur des Forêts
AVEC 106 GRAVURES
TOME Ier
ÉDITEUR J. ROTHSCHILD
13, Rue des Saints-Pères
PARIS

## SYLVICULTURE

**Guide du Forestier.** — Culture et surveillance des forêts, par A. BOUQUET DE LA GRYE (*Conservateur des forêts*). — 2 volumes in-18 reliés, avec 70 gravures. . . . . . . . . . . . . . . . . 5 fr.

**L'Art de Planter** et d'élever en pépinière les arbres forestiers, fruitiers et d'agrément. 2e édition, revue par L. GOUET (*Directeur de l'établissement d'arboriculture des Barres*). — In-18 relié, avec 19 gravures. . . . . . . . . . . . . . . . . . . 2 fr. 50

**L'Aménagement des Forêts.** — Exploitation des forêts en taillis et en futaie, par A. PUTON (*Inspecteur des forêts*). 2e édition, avec gravures, in-18 relié. . . . . . . . . . . . . . . . . 2 fr. 50

**Études sur l'Aménagement des forêts,** par L. TASSY (*Conservateur des forêts*). — 2e édition. In-8°. . . . . . . . . . . . . . 6 fr.

**Mise en valeur des Sols pauvres** par les essences résineuses, par A. FILLON (*Sous-inspecteur des forêts*). — In-18. . . . . . 3 fr.

**Les Bois indigènes et étrangers.** — Physiologie, culture, productions, qualités, industrie, commerce, par A. DUPONT (*Ingénieur des constructions navales*) et A. BOUQUET DE LA GRYE (*Conservateur des forêts*). — In-8°, avec 162 gravures. . . . . . . 12 fr.

**Les Bois employés dans l'Industrie.** — Cent sections des principales essences de France et d'Algérie, avec leurs caractères distinctifs et leur description, par H. NOERDLINGER (*Ancien élève-libre de l'École forestière de Nancy*). . . . . . . . . . . . . . 30 fr.

**Manuel de Cubage et d'estimation des Bois,** par A. GOURSAUD, (*Inspecteur des forêts*). — In-18, relié. . . . . . . . . . 1 fr 50

**Flore forestière illustrée du centre de l'Europe,** par C. DE KIRWAN, (*Sous-inspecteur des forêts*). — In-folio orné de chromolithographies représentant 350 figures . . . . . . . . . . . . 60 fr.

**Les Conifères indigènes et exotiques,** par C. DE KIRWAN (*Sous-inspecteur des forêts*). — 2 vol. in-18 rel., avec 106 grav.. 5 fr.

**Herbier forestier de la France** par E. DE GAYFFIER (*Inspecteur des forêts*), — 2 vol. in-fol. avec 200 phototypographies, rel. 500 fr.

**Arboretum et fleuriste de la ville de Paris.** — Description, culture, usages de tous les arbres, arbrisseaux, plantes, employés dans les parcs et jardins, par A. ALPHAND (*Directeur des travaux de Paris*). — In-folio. . . . . . . . . . . . . . . . . . . 50 fr.

**Le Monde des Bois.** — Faune et flore forestières, par F. HŒFER. — In-8° avec 300 vignettes, 15 fr. — Édition avec 27 gravures sur acier. . . . . . . . . . . . . . . . . . . . . . . . . 25 fr.

**L'Elagage des Arbres** forestiers et d'alignement, par le comte A. DES CARS (*Membre de la Société centrale d'Agriculture*). — In-18 avec 72 gravures, relié. . . . . . . . . . . . . . . . . . . . . 1 fr.

**Codes de la législation forestière,** par CH. JACQUOT (*Inspecteur des forêts*). — In-18, relié . . . . . . . . . . . . . . . . 1 fr. 50

**Réorganisation du Service forestier** et réforme de la loi sur les pensions civiles, par ALOYS WISST. — In-8°. . . . . . . . 3 fr. 50

**Les Oiseaux utiles et nuisibles aux forêts, champs, jardins, vignes, etc.**, par H. DE LA BLANCHÈRE (*Ancien élève de l'école forestière*). — 2e édition, avec 150 vignettes. In-18, relié. . . . . . 3 fr. 50

**Les Ravageurs des Forêts et des Arbres d'Alignement.** — Description, mœurs, ravages des insectes destructeurs des bois, moyens pratiques de les combattre. — 5e édition, par DE LA BLANCHÈRE et le Dr EUG. ROBERT. — In-18, relié, avec 162 gravures. Prix. . . . . . . . . . . . . . . . . . . . . . . . . . 3 fr. 50

## CHASSE — SPORT

**Ornithologie du Chasseur**, par le docteur CHENU. — In-8o orné de 50 chromotypographies. . . . . . . . . . . . . . . . . . 20 fr.

**Les Animaux des forêts**, par R. CABARRUS (*Sous-inspecteur des forêts*). — In-18 avec 84 gravures, relié. . . . . . . . . . . . 2 fr. 50

**Le Rêve du Chasseur.** — Gibier des bois, plaines, côtes, montagnes, par B.-H. RÉVOIL. — In-folio, 20 planches en deux teintes, avec texte. . . . . . . . . . . . . . . . . . . . . . . . . . 50 fr.

**Le Guide du Chasseur devant la loi.** — Code du Chasseur par F. TÉCHENEY. — In-18, relié. . . . . . . . . . . . . . . 2 fr. 50

**Nouveau Carnet de chasse illustré**, avec Guide pour les jeunes chasseurs au chien d'arrêt, par M. CHATIN. — 2e édition, in-18, relié . . . . . . . . . . . . . . . . . . . . . . . . . . 1 fr.

**Le Cheval et son Cavalier.** — Hippologie et équitation, par le comte DE LAGONDIE (*Ancien colonel d'état-major*). — 2 vol. in-18, ornés de vignettes, reliés. . . . . . . . . . . . . . . . . . . . 7 fr. 50

**Le Chien.**—Races, croisements, élevage, dressage, éducation, maladies et traitement, d'après les ouvrages les plus récents de Stonehenge, Idstone, Hamilton Smith, Bouley. — In-18 relié, avec 100 gravures hors texte. — Prix. . . . . . . . . . . 3 fr. 50

**Les Oiseaux Gibier.** — Histoire naturelle, Chasse, Mœurs et Acclimatation, par H. DE LA BLANCHÈRE. Ouvrage de luxe, in-folio, avec 45 Chromotypographies et nombreuses vignettes dans le texte. Prix : 50 fr. — En reliure de luxe. . . . . . . . 60 fr.

## HORTICULTURE — BOTANIQUE

**Les Promenades de Paris.** — Histoire et description des bois de Boulogne et de Vincennes, Champs-Élysées, parcs, squares, boulevards de Paris, par A. ALPHAND (*Directeur des travaux de Paris*). 2 vol. in-folio, illustrés de 80 gravures sur acier, 23 chromolithographies et 487 gravures sur bois. Prix : 500 fr. ; sur papier de Hollande. . . . . . . . . . . . . . . . . . . . . . . . 1,000 fr.

J. ROTHSCHILD, Éditeur, 13, Rue des Saints-Pères, Paris.

**Les Roses** — Histoire, description, culture, multiplication, par MM. H. Jamain (*Horticulteur*), E. Forney et Ch. Naudin (*Membre de l'Institut*). In-8° avec 60 planches en couleur et 60 vignettes. Prix . . . . . . . . . . . . . . . . . . . . . . . . 30 fr.

**Les Plantes alpines**, par B. Verlot (*Chef de l'École botanique au Muséum*). — In-8° avec 50 chromolithographies et 70 vignettes. Prix . . . . . . . . . . . . . . . . . . . . . . . . 30 fr.

**Les Plantes à Feuillage coloré.** — Choix des plus remarquables avec culture et description. Introduction par M. Ch. Naudin (*Membre de l'Institut.*) — 2 vol. in-8°, avec 120 chromotypographies et 120 gravures . . . . . . . . . . . . . . . . . . . . . . . . 60 fr.

**Les Fougères et les Sélaginelles.** — Choix des plus remarquables avec culture et description par MM. A. Rivière (*Jardinier du Luxembourg*), E. André, E. Roze (*de la Société botanique de France*). — 2 vol. in-8° ornés de 156 chromotypographies et de 239 gravures . . . . . . . . . . . . . . . . . . . . 60 fr.

**Arboretum et Fleuriste de la ville de Paris.** — Description et culture des arbres, arbrisseaux, plantes employés dans l'ornementation des parcs et jardins, par A. Alphand (*Directeur des travaux de Paris*). — In-folio . . . . . . . . . . . . . . . . 50 fr.

**L'Art des Jardins.** — Histoire, théorie et pratique, par le Baron Ernouf. — 2 vol. in-18 avec 150 gravures, reliés . . . . 5 fr.

**Guide pratique du Jardinier-paysagiste**, par Siebeck (*Jardinier en chef à Vienne*). Traduit de l'allemand par Ch. Naudin (*Membre de l'Institut*). — I^re^ partie, Théorie avec un grand plan en quatre parties, 25 fr.; — 2^e^ partie, Pratique avec 24 planches coloriées et texte, 25 fr. — Les deux parties prises ensemble . . . 40 fr

**Les Plantes médicinales et usuelles des champs, jardins, forêts**, par H. Rodin (*Membre de la Société botanique*). — 2^e^ édition, ornée de 200 vignettes. In-18 relié . . . . . . . . . . 3 fr. 50

**Le Monde des Fleurs.** — Botanique pittoresque, par H. Lecoq (*de l'Institut*). — In-8° orné de 480 vignettes sur bois et gravures sur acier . . . . . . . . . . . . . . . . . . . . . . . . 25 fr.

**La Vigne dans le Bordelais**, par Aug. Petit-Lafitte (*Professeur d'agriculture de la Gironde*). In-8° avec figures . . . . . . 12 fr.

**Les Oiseaux utiles et nuisibles aux jardins, champs, forêts, etc.**, par H. de la Blanchère. — 2^e^ édition, in-18 avec 150 vignettes, relié . . . . . . . . . . . . . . . . . . . . . . . . 3 fr. 50

**Les Champignons.** — Histoire, description, culture, usages des espèces comestibles, suspectes, vénéneuses, employées dans les arts, dans l'industrie, l'économie domestique et dans la médecine, par F.-S. Cordier. — 1 vol. grand in-8° avec 60 Chromolithographies. — Quatrième édition revue et corrigée. . 30 fr.

**Les Ravageurs des Vergers et des Vignes.** — Histoire naturelle, mœurs, dégâts. Moyens de combattre les insectes destructeurs, avec une Étude sur le Phylloxera, par de la Blanchère. — 1 vol. in-18, avec 160 gravures. Prix . . . . . . . . . . . . . . . 3 fr. 50

LES

# CONIFÈRES

INDIGÈNES ET EXOTIQUES

Fig. 1. Cèdre du Liban. (Voir page 175.)

# LES CONIFÈRES INDIGÈNES ET EXOTIQUES

## TRAITÉ PRATIQUE DES ARBRES VERTS OU RÉSINEUX

A l'usage des Propriétaires, Agents forestiers, Régisseurs, Horticulteurs, Administrateurs des Forêts, Marchands de Bois, etc.

Culture utilitaire et ornementale
Classification. — Description — Station — Usages
Repeuplement des forêts — Embellissement
des jardins, parcs, squares, etc.

**PAR C. DE KIRWAN**
Sous-Inspecteur des forêts

**Dédié à M. le Comte de Montalembert**

OUVRAGE ORNÉ DE 106 GRAVURES SUR BOIS

INTRODUCTION PAR M. LE VICOMTE DE COURVAL

Tome Premier

PARIS
J. ROTHSCHILD, ÉDITEUR
LIBRAIRE DE LA SOCIÉTÉ BOTANIQUE DE FRANCE
43, Rue Saint-André-des-Arts, 43
1867

# A MONSIEUR LE COMTE DE MONTALEMBERT

ANCIEN PAIR DE FRANCE, L'UN DES QUARANTE DE L'ACADÉMIE FRANÇAISE.

*Monsieur le Comte,*

*Vous aussi vous êtes forestier.*

*Par vous nous avons connu les forêts vierges de la Gaule que défrichèrent jadis ces rudes* Moines d'Occident *dont vous vous êtes fait l'historien : et aujourd'hui que chez nous les forêts commencent à manquer à l'appel, vous aimez celles qui nous restent, vous voulez leur conservation ; vous même en possédez une part, et la Société forestière de France a l'honneur de vous compter parmi les plus anciens de ses membres. Enfin, plantés par vous dans votre terre de La Roche-en-Breny, de nombreux sapins se parent comme d'une éternelle jeunesse, de leur verdure qu'aucun hiver ne peut ternir.*

*Qu'il me soit donc permis, Monsieur, de vous dédier ce modeste ouvrage. Il traite des Conifères; hôtes magnifiques des bois de nos montagnes, ces arbres à la fière allure, dont les hautes et droites tiges se brisent quelquefois sous l'effort de l'orage sans lui céder jamais, m'inspirèrent toujours je ne sais quel attrait particulier et profond.*

*Vous aussi vous les aimez, et cette sympathie qui nous est commune me donnera je l'espère, un titre à vous offrir l'hommage de mon humble travail.*

*Veuillez donc bien, Monsieur, l'agréer comme l'expression de ma haute estime et de mon respectueux dévouement.*

C. DE KIRWAN,

*Sous-Inspecteur des forêts.*

Paris, 25 Septembre 1867.

# PRÉFACE

La culture des Conifères a pris depuis un certain nombre d'années une extension toujours croissante. Non-seulement les propriétaires et les administrateurs qui s'occupent du reboisement des montagnes, des dunes ou des terres rebelles à la culture proprement dite, trouvent dans cette catégorie d'arbres un précieux et souvent indispensable élément de succès; mais, de plus, il n'est pas aujourd'hui de parc ou de simple jardin qui n'emprunte aux arbres verts un complément obligé d'ornementation.

Une vogue croissante et bien méritée s'attache donc de plus en plus à la culture de ces intéressants végétaux, dont, par des importations de toutes les contrées du globe, le nombre et la variété s'accroissent de jour en jour.

Si, dans le Nord et l'Est de la France, quelques conifères exotiques ne peuvent se passer, pendant l'hiver, de la protection de la serre, et y perdent par là toute valeur pratique, les départements qui composent notre littoral maritime du Midi et de l'Ouest, offrent à la plupart d'entre eux un asile assuré.

L'*Araucaria Excelsa* lui-même, l'un des plus beaux assurément, mais peut-être aussi le plus délicat de tous les résineux, a trouvé sous le ciel clément d'Hyères une patrie nouvelle où il croît et prospère.

Malheureusement, une classe d'arbres aussi intéressante n'avait été jusqu'ici l'objet d'aucun traité populaire et pratique donnant sur l'aspect, les formes, la culture, l'emploi et le tempérament de chaque espèce, des renseignements clairs, précis, et énoncés dans un langage abordable à tous. Nous n'avions guère en France que le savant mais très-peu accessible ouvrage de M. Carrière, publication moins inabordable encore par son prix élevé que par la forme essentiellement technique et ardue que cet auteur a cru devoir adopter. Il a produit ainsi un livre excellent à consulter pour les naturalistes et les hommes de science, mais complétement hors de la portée du public proprement dit et des simples praticiens.

Une lacune existait donc, et M. de Kirwan l'a heureusement comblée. Son livre n'affecte pas les allures gourmées d'un ouvrage savant; mais il est l'œuvre d'un praticien et d'un forestier qui s'est affranchi le plus possible de toute terminologie pédante, et donne toujours soigneusement l'explication des termes techniques qu'il ne peut éviter d'employer.

Le procédé aussi simple qu'ingénieux que l'auteur a adopté, et qui consiste à comparer pour l'aspect et les dimensions, les espèces nouvelles ou peu connues à celles plus familières ou déjà introduites depuis longtemps en France, facilitera beaucoup la classification, la culture et la multiplication de ces nouvelles conquêtes, qui, des deux bouts du monde, viennent chaque jour enrichir nos collections, et qui méritent de prendre une large place dans nos forêts, aussi bien que dans nos parcs et nos jardins.

Non-seulement la culture de chaque espèce est indiquée avec clarté, dans cet excellent ouvrage, au point de vue horticole; mais la culture forestière, si différente de toutes les autres cultures, fait aussi l'objet de renseignements assez variés, au moins pour les genres les plus répandus parmi nous.

Destiné surtout aux propriétaires et aux gens du monde, mais conçu de manière à pouvoir arrêter aussi le regard des hommes spéciaux, ce livre est en même temps écrit dans un langage qui permettrait au besoin de le mettre entre les mains du jardinier ou du simple garde.

Nous souhaitons donc bon succès à ce petit ouvrage. Voué depuis cinquante ans à l'art attrayant de la sylviculture, nous avons acquis dans l'éducation des résineux, comme dans celle des autres arbres, assez d'expérience pour pouvoir apprécier l'utilité et l'opportunité de la publication que M. de Kirwan livre aujourd'hui à la publicité, et nous permettre de recommander chaleureusement cet utile et consciencieux traité à tous ceux qui voudront, à l'avenir, s'adonner à la multiplication et à la culture des conifères.

Château de Pinon, le 25 Septembre 1867.

LE V[te] DE COURVAL.

# TABLE DES MATIÈRES

# TABLE

## DES GRAVURES DU TOME PREMIER.

---

# ERRATUM.

Page 13, lignes 10-11 : Cunninghamia, lisez : *Cunninghamia*.

Page 19, *ad notam*, ligne 8 : rue de Richelieu, 79, lisez : *rue Sainte-Anne*, 71.

Page 38, *ad notam*, ligne 8 : P. Rothschild, lisez : *J. Rothschild*.

Page 61, ligne 23 : Dipolycotylédones, lisez : *Di-poly-cotylédones*.

Page 69, ligne 7 : exacèdres, lisez : **oxycèdres**.

Page 100, dernière ligne : ces mauvaises qualités, lisez : *les* mauvaises qualités.

Page 116, lignes 21 et 22, supprimez les mots : *avec la pointe bien aiguë*.

Page 117, sous la figure 16, après le mot *tsuga*, ajoutez : *de Douglas*.

Page 120, ligne 22 : Boreulis, lisez : *Borealis*

Page 135, ligne 13 : semée, lisez : *striée*.

Page 139, dernière ligne : oïde, lisez : *ovoïde*

Page 143, ligne 17 (2e du titre) : icea, lisez : *Picea*.

Page 145, ligne 15 : Variétés de l'Epicéa, supprimez : *de l'Epicéa*, ou bien ajoutez : *de Menzies*.

Page 174, ligne 9 : il arrive, lisez : *il arrivent*.

Page 188, ligne 24 : cedrus qui est, lisez : *cedrus quæ est*.

Page 192, ligne 1 : les feuilles qui précèdent, lisez : *les feuilles qui procèdent*.

Page 198, ligne 25 : gerçurée, lisez : *gercée*.

Page 238, ligne 13 : cernée, lisez : *cornée*.

NOTA. — La figure 18, p. 134, est mal disposée. Pour la voir dans son sens véritable, rameau presque horizontal et cône pendant, il faut placer le volume en travers de manière à avoir le haut de la page à gauche et le bas à droite.

LES

# CONIFÈRES

## INDIGÈNES ET EXOTIQUES.

## CHAPITRE PREMIER.

### LES FORÊTS ET LA SYLVICULTURE EN GÉNÉRAL.

s forêts antéhistoriques et les forêts contemporaines. — Comment la sylviculture a pris naissance. — Le taillis et la futaie. — Futaies jardinées et futaies éclaircies. — Exposé du système du réensemencement naturel et des éclaircies.

Les forêts sont la parure du globe qui nous porte. .en longtemps avant la création de l'homme, lors- ıe la vie animale n'était encore représentée que r les habitants des eaux, des forêts couvraient déjà les îles et les rares continents qui commençaient à émerger de l'océan universel; puis à mesure que de nouveaux soulèvements étendaient le domaine de la terre ferme, de nouveaux végétaux aux dimensions toujours gigantesques prenaient possession du sol : plantes herbacées d'abord, les lycopodes, les calamites, les astérophylles font place peu à peu aux conifères, aux cycadées des terrains dits de transition, et des étages triasique et jurassique, tandis que les insectes, les zoophytes, les mollusques, les poissons et les reptiles se meuvent sur le sol ou au sein de l'onde. Avec la période crétacée apparaissent les palmiers; les conifères multiplient leurs espèces, et déjà commencent à se montrer quelques-unes des essences plus modernes, telles que aunes, charmes, érables et noyers. Puis quand, à l'époque tertiaire, les immenses sauriens cèdent le pas aux mammifères, la terre se revêt de la plupart des plantes forestières qui peuplent nos forêts actuelles; les saules, les ormes, les chênes, les hêtres, les banksias et les eucalyptus s'ajoutent aux genres précédents pour abriter de leur ombre l'épais dinothérium, le lourd mastodonte, l'élégant mégacéros, et les oiseaux commencent à égayer de leurs chants ces ombrages.

Enfin l'homme est créé.

Errant dans d'immenses solitudes qui retentissent pour la première fois du son d'une parole intelligente, il doit conquérir sur les arbres, les animaux et les éléments, l'empire de la terre qui lui a été réservé ; et pendant de nombreux et longs siècles l'action de l'homme sur les forêts ne consiste qu'à détruire après avoir prélevé sur elles les matériaux utiles. Mais en même temps que le genre humain étend et affermit son règne sur le monde physique, en même temps que la civilisation se développe, que les forêts disparaissent devant la culture et l'industrie, le bois qu'elles fournissent commence à prendre une valeur de plus en plus grande ; et la limite rationnelle du déboisement étant atteinte et dépassée, l'action civilisatrice tend non plus à détruire mais à conserver les forêts ; non plus seulement à les conserver mais à les améliorer, à les cultiver, à les régénérer, à les faire renaître là où elles ont été indûment anéanties.

La sylviculture est née du besoin de sauver de la destruction des masses boisées devenues trop restreintes, et de leur faire produire sans les épuiser le maximum de leur rendement possible.

Mais les arbres ne se développent plus, sous le règne de l'homme, avec la puissance et la rapidité qui devaient caractériser la végétation des périodes carbonifère et houillère. Plusieurs générations naissent et s'éteignent avant la maturité d'un chêne, et quand les besoins pressent on n'attend pas le développement normal d'une forêt pour l'abattre. Or, un grand nombre d'essences se régénèrent, après la coupe, par leurs souches qui donnent chacune plusieurs rejets. De là est né un système de culture des bois qu'on appelle *taillis* et qui consiste à faire la coupe à des intervalles rapprochés et souvent arbitraires, pour laisser ensuite se reproduire une infinité de rejets qui constituent bien des *cépées*, mais finissent souvent par ne plus donner d'arbres proprement dits. Tandis que la culture normale des forêts, celle qu'on appelle *exploitation en futaie*, consiste à exploiter les arbres seulement après leur entier développement et lorsqu'ils ont laissé tomber sur le sol la semence dont les germes doivent repeupler les massifs.

Les conifères ou *arbres verts*, qui sont les seuls dont nous ayons à nous occuper dans cet opuscule, n'ont pas en général la faculté de se reproduire par des rejets de souche après la coupe, comme les autres essences. S'il se rencontre à cette règle quelques exceptions, que nous examinerons d'ailleurs en leur lieu, elles sont trop peu importantes et se rapportent à des espèces trop rares et d'introduction trop récente encore pour qu'il y ait lieu de nous occuper, à cause d'elles, des principes relatifs à la culture et à l'exploitation des taillis.

Au contraire, il importe de faire connaître, au moins d'une manière rapide, en quoi consiste la culture des bois en *futaie*, seul mode que comporte la très-grande généralité des conifères.

Si nous supposons une forêt dans laquelle l'homme n'aurait pas encore pénétré et que, par la pensée, nous nous frayions un chemin sous ses ombrages vierges, nous rencontrerons à chaque pas des arbres morts, en décomposition ou seulement dépérissants, montrant leurs bras dégarnis et leurs cimes desséchées au voisinage de leurs puînés, verdoyants et vigoureux, les uns adultes, les autres à tous les âges divers de l'enfance et de la jeunesse. De quelques côtés que nous dirigions nos pas nous rencontrerons partout ce pêle-mêle de tous les degrés, ascendants et descendants, de l'échelle de la vie végétative. Si, après nous, des escouades de bûcherons dirigés par des chefs habiles, font tomber, pour les enlever aussitôt, tous les arbres morts, dépérissants ou sur le retour, et ne laissent sur pied que la jeunesse et les arbres d'avenir, notre forêt a changé d'aspect : le tableau de la décrépitude et de la mort aura disparu pour laisser subsister sans partage celui de la croissance et de la vie. Mais les divers degrés de cette croissance et de cette vie ne seront point coordonnés, et l'on verra des sujets de tous les âges sur tous les points à la fois. La manière de procéder qui se présentera le plus naturellement à l'esprit, pour l'exploitation régulière de cette forêt, sera de la parcourir dans tous les sens à des intervalles fréquents et de désigner pour être abattus, lors de chacune de ces visites, tous les arbres en maturité disséminés sur les divers points de son étendue. Ce mode de traitement s'appelle *système jardinatoire* ou *jardinage*.

Si, au lieu de prendre pour point de départ une forêt ayant cru en quelque sorte spontanément, nous imaginons une forêt créée tout entière de main d'homme, on se figurera aisément que les massifs de différents âges seront cantonnés chacun dans un emplacement spécial, surtout si la création de cette forêt a été l'œuvre lente et continue d plusieurs générations. Or, si nous considérons l massif le premier formé, et que nous le supposion à l'âge de maturité, cent à cent vingt ans, pa exemple, il devra être précédé ou suivi d'un autr massif formé d'arbres de quatre-vingts à cent ans celui-ci joignant pareillement un autre peuplemen de soixante à quatre-vingts ans, et ainsi de suite, jusqu'aux parties les plus récemment boisées et comprenant des brins de un à vingt ans. Une forêt qui se compose ainsi d'une gradation d'âges parfaitement régulière de proche en proche depuis le germe naissant jusqu'à l'arbre exploitable, s'appelle une forêt *normale*. Le traitement qu'elle demande est celui-ci :

Lorsque les jeunes peuplements commencent, par l'effet de la croissance, à être trop serrés et à se nuire les uns aux autres, il faut les desserrer. Ordinairement cette opération porte principalement sur les essences parasites ou de valeur moindre qui s'introduisent presque toujours dans un massif à l'état d'enfance, et pour cette raison on l'appelle *coupe de nettoiement*.

Mais en même temps, il y a plus loin un massif plus âgé qui, *nettoyé* dix ou quinze ans auparavant, par exemple, commence à être de nouveau trop serré par suite du développement de ses tiges. Il demande aussi à être débarrassé des arbres surabondants, moins bien venants et destinés à être étouffés par les autres après une lutte préjudiciable. La coupe d'*éclaircie* remplira ce but.

Un peu plus loin un massif qui aura subi cette première éclaircie un certain nombre d'années auparavant en réclamera une seconde. Ainsi de suite.

Quant aux massifs parvenus ou près de parvenir à leur maturité, on devra veiller à préparer, tout en les exploitant, leur *régénération* naturelle. Pour cela, cette exploitation se partagera d'ordinaire en trois coupes : la première, dite *coupe d'ensemencement*, enlèvera assez d'arbres pour que quelques rayons de soleil puissent pénétrer jusqu'au sol et faire germer les graines qui tomberont des arbres respectés. La seconde, appelée *coupe secondaire*, se fera lorsque le semis naturel ainsi obtenu sera assez fort pour supporter et même réclamer une part plus grande à l'air et à la lumière : on enlèvera à cet effet une partie des arbres réservés lors de la coupe d'ensemencement, tout en en respectant encore quelques-uns, afin de ménager en faveur du jeune sous-bois, la transition d'un état très-abrité à un état entièrement découvert. Enfin lorsque la jeunesse sera assez développée et assez forte pour se passer de tout abri, la *coupe définitive* fera disparaître les derniers arbres qui ont en quelque sorte donné le jour et la première éducation à la génération nouvelle.

Une forêt de futaie étant parfaitement normale comme nous l'avons supposé, il est clair qu'on aura pour ainsi dire chaque année une coupe de chaque nature à exploiter : car tandis que la partie la plus âgée subira les coupes définitive, secondaire et d'ensemencement, ou *coupes de régénération*, les diverses autres parties seront nettoyées ou éclaircies, les unes pour la première, d'autres pour la deuxième ou troisième fois. L'année suivante, des exploitations identiques seront assises sur les points joignants, et ainsi de suite indéfiniment.

Cette méthode qui réglemente et dirige l'effort de la nature de manière à le favoriser et à en développer les conséquences a reçu le nom de *méthode du réensemencement naturel et des éclaircies*, ou plus simplement de *méthode des éclaircies*, *méthode naturelle*.

Tous les arbres possibles peuvent être élevés en massifs forestiers suivant cette méthode, comme aussi suivant celle du jardinage. L'âge de maturité ou, pour employer l'expression consacrée, l'âge d'*exploitabilité* varie avec les essences, les localités et le genre de produits que l'on veut obtenir ; mais les principes sont toujours les mêmes. Au contraire, la méthode du taillis que nous avons mentionnée plus haut, méthode bâtarde et qui répugne à la nature, n'est applicable qu'à certaines essences et pas à d'autres. Les arbres résineux, nous l'avons dit, sont dans ce dernier cas. Lors donc qu'on voudra les cultiver en massifs on n'aura de choix qu'entre le système jardinatoire et celui des éclaircies ; à moins qu'on ne veuille passer de l'un à l'autre, ce qui nécessiterait des opérations délicates et compliquées dont l'exposé ne saurait trouver place dans ce modeste ouvrage.

# CHAPITRE II.

## LES CONIFÈRES OU ARBRES VERTS.

Origine et rôle dans la nature des arbres résineux ou *conifères*.—Leur utilité.—Fixation des dunes.— Reboisement des montagnes. — Mise en valeur des terres incultes. — Restauration des taillis ruinés. — Divers produits des bois résineux.—Effets pittoresques ; ornementation des parcs, des squares et des jardins.

A presque toutes les époques de la Création les *conifères* ont joué un rôle marquant sinon prépondérant, dans la formation et le développement de la nature végétale. Si dans la période silurienne, point d'origine de la vie sur notre globe, quelques algues et quelques lycopodes sont avec les champignons les premiers et seuls représentants de la vie des plantes, dès la période dévonienne on voit apparaître un arbuste que l'on peut considérer comme le précurseur des conifères : l'*Astérophylle à couronne* est le premier représentant de cette grande classe de végétaux que les botanistes appellent *gymnospermes* (1) et qui, à notre époque, n'est plus représentée que par les *cycadées* et les *arbres verts*. Mais dès que l'atmosphère moins épaisse laisse une plus libre action à l'influence de la lumière et que son extrême humidité, se combinant avec la haute température propre du globe, alimente la luxuriante végétation des fougères arborescentes, des lycopodes géants et des équisétacées gigantesques, les conifères sous forme de *Cyprès*, de *Pins*, de *Dadoxylons* et d'*Araucarias*, commencent à se montrer dans ces épaisses forêts, qui seront un jour comme les chantiers à charbon de l'humanité.

Les *Walchia Schlotheimii* et *hypnoïdes*, espèces voisines de notre *Araucaria excelsa*, composaient avec les *Psaronius* et les *Næggérathiées*, genres fort rapprochés des conifères, et comme eux, gymno-

(1) *Gymnosperme*, de γυμνὸς (*gymnos*) *nu* et de σπέρμα (*sperma*) *graine*, parce que toutes les plantes de cette classe sont dépourvues d'*ovaires*, ou enveloppes recouvrant les *ovules* ou graines.

spermes, une part importante de la végétation permienne.

Avec l'époque secondaire la vie animale se développe en même temps que la vie des plantes se perfectionne en organisation, tout en diminuant par l'importance et les dimensions. Ce que la nature perd du côté des plantes inférieures elle le retrouve chez les arbres verts ; les *Voltzias* et les *Haidingéras* dont nos cèdres peuvent donner une idée, les *Taxodiums*, les *Thuyas*, les *Araucarias*, les *Cunninghumias* s'ajoutent aux genres précédemment créés qui, eux-mêmes, multiplient leurs espèces.

Puis quand l'épaississement de la croûte terrestre et l'épuration de l'atmosphère permettent aux rayons du soleil d'esquisser sur notre globe une première ébauche des climats, la végétation nouvelle se complète, tandis que la végétation primitive n'est pas encore disparue, et les commencements de l'époque tertiaire voient les genévriers, les callitris, les libocèdres, les cyprès, les thuyas, les sapins, les épicéas, les mélèzes, les cèdres, les pins, les podocarpes et les ifs se mêler, joints à tous nos genres feuillus actuels, aux fougères arborescentes, aux hauts palmiers, aux prêles gigantesques et aux légumineuses variées.

Les cataclysmes glaciaires et diluviens qui ont

inauguré l'époque géologique pendant laquelle l'homme a pris possession de la terre, ont-ils détruit toute vie antérieurement existante, et une création nouvelle de plantes et d'animaux a-t-elle immédiatement précédé l'apparition de l'humanité? Ou bien les germes au moins de végétaux, mêlés aux limons que transportaient les ondes, ou conservés au sein des glaces, ont-ils reproduit, après la renaissance du calme, la vie suspendue ? C'est un point difficile à fixer. Ce qui paraît certain cependant, c'est que, au moins en ce qui concerne les arbres, si les genres sont les mêmes aujourd'hui qu'à l'époque tertiaire, les espèces ne sont pas identiques et en même temps sont moins nombreuses. C'étaient d'autres chênes, d'autres érables, d'autres pins, d'autres sapins, d'autres cèdres, d'autres ifs, que les ifs cèdres, sapins, etc., des temps actuels. Mais pour être différentes, ces espèces n'en restaient pas moins voisines et distribuées dans les mêmes classes, les mêmes familles, les mêmes genres. Il nous est donc permis de tirer quelques inductions des rapports de ces divers groupes d'arbres, aux temps où, par une élaboration lente, se préparait notre terrestre séjour.

Or, pour peu qu'on ait bien voulu prêter quelque attention aux lignes qui précèdent, on doit être frappé, nous semble-t-il, de la part prépondérante attribuée dans la vie végétale aux conifères, relativement du moins aux familles et aux genres qui se sont maintenus à l'état arborescent. Longtemps avant que le soleil eût pu percer l'épaisse et nuageuse atmosphère qui emprisonnait le globe primitif, les conifères étalaient leur verdure perpétuelle au sein de ces chaudes vapeurs saturées des gaz impropres à la vie des animaux supérieurs : et à mesure que le ciel se découvre, à mesure que la vie se développe et se perfectionne, les conifères se multiplient, tandis que les végétaux inférieurs s'effacent insensiblement. La température s'abaisse, les froids commencent à faire invasion vers les pôles et sur les hautes montagnes qui se couronnent peu à peu du blanc manteau qu'elles ne doivent plus quitter ; mais les conifères persistent, et quand les climats ont enfin séparé les régions tempérées d'avec la zone torride et les cercles polaires, chacune de ces diverses contrées s'est approprié et a conservé certains représentants de cette classe importante. Les autres familles sont cantonnées chacune dans son climat ; mais les conifères se rencontrent dans tous : ils ont aujourd'hui la presque universalité de l'espace terrestre, comme ils ont eu jadis la presque universalité des temps antéhistoriques.

On peut, *a priori*, conclure de là que les *arbres verts* ont dans les vues providentielles, un rôle particulier à tenir dans l'économie forestière du globe. Et, en effet, c'est parmi eux que se rencontrent ces essences rustiques et vigoureuses qui, satisfaites d'un maigre et aride terrain, l'améliorent, l'enrichissent et ne demandent que le concours du temps pour le rendre frais, fécond et prospère. Rochers stériles et compactes que rident à peine quelques rares fissures, sables desséchés et impalpables, marne, craie, argiles plastiques, fonds calcaires et fonds siliceux, il n'est aucun sol qu'à l'aide de conifères appropriés on ne puisse, moyennant des soins intelligents, couvrir d'un frais ombrage sous lequel se formera à la longue une épaisse couche d'humus.

Aussi est-ce principalement par des semis de pins que, depuis la fin du siècle dernier, un obstacle a été opposé à l'envahissement de notre littoral par des dunes de sable qui menaçaient d'en faire, à l'occident, une nouvelle Égypte. Le pin maritime lève et se développe dans cette arène mouvante, la fixe, et forme bientôt une barrière que la dune nouvelle ne franchira plus. Dans l'œuvre grandiose et délicate du reboisement des montagnes qui sera l'une des gloires du règne actuel, si elle est persévéramment poursuivie et menée à bonne fin, les conifères sont les essences qui donnent les résultats les plus encourageants : l'épicea, le mélèze, le cèdre et diverses variétés de pins verdissent peu à peu les sauvages flancs des Pyrénées, des Cévennes et des Alpes.

Quand des propriétaires intelligents veulent tirer parti de ces sols ingrats, rebelles à toute culture que recèlent les terres crayeuses de la Champagne, les landes de la Normandie, les bruyères de l'Armorique et les marécages de la Sologne, c'est par des semis de pins de Bordeaux, d'Écosse ou d'Autriche, ou des plantations d'épiceas et de thuyas qu'ils parviennent à recouvrir d'une voûte de sombre verdure, ces terrains naguère improductifs.

Le forestier qui voit peu à peu ses taillis se dégarnir et remplacer le brillant aspect du chêne vigoureux ou du charme touffu, par la teinte triste et monotone des genêts, des bruyères et des ajoncs, trouvera dans des semis ou des plantations d'arbres verts un moyen efficace de régénération et de restauration. Souvent, s'il s'agit de pin surtout, le simple épandage de la graine sur la bruyère secouée ensuite par la herse ou un humble fagot d'épines, suffira pour qu'un épais massif remplace dans quelques années cette végétation parasite qui le protégera d'abord mais qu'un peu plus tard il étouffera. D'autre fois la graine sera répandue sur la terre immédiatement avant l'exploitation d'une coupe chétive et malvenante ; le piétinement des ouvriers et des animaux abattant et chariant au dehors les produits de la coupe, fera adhérer la graine au sol ; et en même temps que les rejets des souches, croîtront les jeunes conifères. Par le mutuel abri qu'ils se prêteront, par la fraîcheur que la terre en recevra, feuillus et résineux végéteront brillamment là où jadis la vie était dépérissante et alanguie.

D'autres fois, quand des raisons particulières obligeront à maintenir le chêne sur des terrains profonds, mais épuisés, et que toute tentative de ce peuplement en chêne pur aura échoué, il suffira de répandre des graines de pin maritime sur le sol en même temps que les jeunes brins de chêne ou les glands y seront plantés. La graine de pin maritime est d'un prix peu élevé, et les tiges auxquelles elle donne naissance ont une croissance assez rapide. Protégés par le contact et par l'ombre des jeunes pins, les jeunes chênes croîtront avec vigueur ; et, peu à peu, lorsqu'ils tendront à s'emparer de ce sol précédemment rebelle, des coupes de nettoiement judicieusement dirigées feront tout doucement disparaître le pin introducteur (1).

(1) Cette pratique avait été expérimentée par feu M. Vi-

Les arbres résineux ont aussi des avantages d'une autre nature. Leurs émanations balsamiques, surtout à l'époque de la floraison, remplissent l'air d'un parfum non moins agréable que salutaire aux tempéraments débilités et aux poitrines délicates. Sans parler de leur croissance souvent rapide, des qualités parfois précieuses de leur bois, rappelons que l'extraction de la résine est dans plusieurs la source d'un important revenu ; enfin mentionnons cette industrie toute nouvelle, mais appelée à un fécond avenir, qui sait tirer des feuilles des conifères de la laine, de l'huile, de l'éther et du savon balsamique, et utilise encore l'eau résultant de ces diverses fabrications en bains d'une grande efficacité pour certaines maladies (1).

caire, directeur général des forêts, de chère et à jamais regrettable mémoire. Dans un de ces entretiens empreints d'une familiarité digne et bienveillante dont il avait le secret, il avait daigné nous recommander lui-même ce procédé en nous racontant les expériences sur lesquelles il se fondait.

(1) Pour plus amples informations sur cet intéressant sujet, voir une brochure intitulée : *Courte notice sur la laine de forêt*. Paris, rue de Richelieu, 79, et Lyon, rue de l'Impératrice, 78. — Des échantillons de cette laine végétale et des diverses étoffes qu'elle sert à fabriquer sont joints à la brochure.

Voir aussi le numéro du 17 janvier 1867 du journal scientifique *les Mondes*, dirigé par le savant abbé Moigno, et la *Revue des Eaux et Forêts* du 10 juillet 1867.

Mais les conifères n'ont pas seulement, dans les harmonies végétales, un rôle éminemment utile et pratique. Plus encore qu'aux autres arbres on peut leur appliquer la vieille devise : *miscuere utile dulci*; s'ils sont utiles, ils ne sont pas moins agréables, s'ils sont *bons*, ils sont *beaux* aussi. Nous sommes de ceux qui ne dédaignent aucune expression du *beau*, de cet idéal que tout homme porte en soi et qui nous élève autant au-dessus de la matière brute que notre âme elle-même, intelligente et libre, plane au-dessus de ces créatures inférieures en qui la vie et la sensibilité ne sont pas éclairées par le flambeau de la raison. Or rien, peut-être, dans les grands aspects de la nature, ne produit un effet plus grandiose et gracieux à la fois que les massifs d'arbres verts. Voyez ces immenses colonnes d'où s'échappent à perte de vue des branches grêles et fléchissant sous le poids de leur épais feuillage : sur le sol où la lumière ne pénètre qu'adoucie, tamisée, assombrie, une mousse verdoyante contourne la surface des rochers, et sous vos pieds s'étend un soyeux tapis de feuilles sèches ; dans l'air une sonorité étrange réveille mille échos imprévus, et bien haut sur votre tête les branches s'entrecroisent en gothiques arceaux. L'homme paraît bien petit au pied de ces grands arbres dont quelques-uns dressent leur cîme à quarante mètres au-dessus de lui! Involontairement, pour peu que votre âme ait conservé quelque souvenir des poésies de votre jeunesse et de la foi de votre enfance, vous vous découvrirez et vous adorerez Dieu dans les splendeurs et les magnificences de la forêt des sapins!

Dans ce parc élégant où l'herbe fleurie baigne ses tendres racines au bord d'un sinueux ruisseau, combien ne sera pas imposant et mystérieux l'effet de sombres massifs entrecoupés par de riantes clairières ou entremêlés d'arbres à la verdure plus tendre et plus gaie!

Et dans le milieu de ces clairières distribuées avec art, sur le penchant d'un coteau ou sur les pentès d'un onduleux vallon, des groupes de conifères plus rares ou que l'élégance de leurs formes rend plus remarquables, sembleront donner au sol un surcroît de parure par les pittoresques effets qu'ils produiront dans le paysage.

En général ces groupes doivent être placés çà et là, dans un désordre étudié, un *beau désordre*, approprié au site, mais qui ne laisse jamais deviner l'art et semble toujours, au contraire, le résultat des jeux de la nature. Les formes, les dimensions de ces groupes peuvent et doivent varier suivant les besoins, sans autre condition que celle de s'harmoniser avec le site et l'aspect général que l'on recherche. Il faut donc laisser passer du jour, de la lumière, diviser les ombres, varier l'horizon, qui doit tantôt se perdre agréablement dans le feuillage des massifs, tantôt et quelques pas plus loin, s'étendre jusqu'à l'azur de la voûte céleste.

Aucun autre genre d'arbres ne produit, sous ce rapport, d'effets comparables à ceux des arbres verts; aussi ont-ils joué et jouent-ils tous les jours un rôle considérable dans la création des parcs, des squares, des jardins dont l'administration de la ville de Paris a doté la capitale avec une prodigalité que nous n'avons pas à apprécier ici, mais où le bon goût règne généralement, il le faut reconnaître ; nous renverrons du reste ceux que ces embellissements intéresseraient d'une manière particulière aux ouvrages spéciaux sur *l'Art des jardins*, publiés par l'éditeur de cet opuscule.

Ce n'est pas seulement à l'ornementation des pelouses que peuvent s'attribuer les qualités décoratives des arbres résineux. Les pentes abruptes, les rocailles, les rochers, les lieux arides pourront toujours, par un choix d'espèces conifères appropriées à leurs conditions végétatives, revêtir une parure souvent sévère, quelquefois gaie, toujours pittoresque. Ici le svelte *Epicea* élèvera sa flèche aiguë dans les airs et mariera sa verdure éclatante au vert sombre du *Pin d'Autriche*, tandis que les *Pins Mhugo* et *Chétif* étaleront leurs branches traînantes dans les interstices de la roche, que contourneront ailleurs les rameaux rampants des *Genévriers* nains.

Aux abords d'une grotte pleine de fraîcheur et d'ombre, les rameaux retombants du *Morinda* ou du *Cyprès de Lawsonn* se mariant à la compacte et massive verdure des *Biotas*, et non loin le contraste des *Thuyoïdes à feuilles de bruyère* buissonnant au pied de l'*If* sombre ou du plantureux *Gigantabies*, produiront un effet enchanteur, tandis que, plus haut et dominant le sommet de la grotte, un groupe de *Sapins* aux feuilles argentées complétera l'ensemble du tableau.

S'agira-t-il d'orner les rives d'un cours d'eau, les abords d'un étang ou d'une mare, un sol humide, compacte ou marécageux? l'élégant et original *Cyprès chauve* avec les apophyses coniques de ses racines qui forment comme des berges ligneuses le long des rivières, le *Cyprès Faux-Thuya*, le *Thuya du Canada*, l'*Epicea* lui-même, et aussi le *Pin Strobe* nous seront d'un puissant secours.

Le *Mélèze*, cet arbre si gracieux, indigène dans nos Alpes dont il semble affectionner les neiges et les frimas (*fig*. 2), peut aussi se cultiver comme arbre

Fig. 2. Le Mélèze des Alpes.

d'ornement dans des sols humides; mais plus exigeant que les précédents, il veut une terre légère et demande que la brise, sinon les grands vents, caresse souvent son feuillage et agite sa cime. L'exposition du nord ou de l'est lui est nécessaire. Sa tendre verdure, qui tombe à chaque automne pour renaître au printemps, forme un harmonieux contraste avec celle de ses congénères, le Cyprès chauve excepté qui partage ce privilége avec lui.

Nous ne pouvons, dans cet aperçu rapide, passer en revue tous les conifères d'un utile emploi décoratif; ce serait anticiper sur la suite de cet ouvrage. C'est au lecteur qu'il appartiendra, en lisant les descriptions contenues dans les monographies qui vont suivre, de faire l'application de ce qui précède. Aucun principe absolu, ni même approchant, ne peut être établi en une matière aussi variable et dont les applications changent, pour ainsi dire, avec chaque cas particulier. On doit consulter beaucoup son propre goût, ou bien, si l'on s'en méfie, recourir aux conseils de quelque praticien exercé dans l'art de décorer les squares ou de créer les paysages. Les vastes et nombreuses créations de la ville de Paris qui, sous la direction de M. Alphand, arrive à transporter à de grandes distances et à replanter avec succès dans ses parcs des arbres déjà adultes, nous offrent de nombreux spécimens des effets d'ornementation que l'on peut obtenir par un judicieux emploi de nos arbres verts.

Par ce qui précède on voit que dans les squares de la grande ville (1), comme dans le jardin plus modeste du citadin de province, les conifères fourniront comme le fond du tableau, la base principale sur laquelle se grouperont en été les plantes de serre, les feuilles colorées et les fleurs, et qui consolera le regard par sa persistante verdure, lorsque le retour des frimas aura fané les fleurs, et fait, à la chute des feuilles, réabriter les plantes délicates.

Rôle utilitaire et rôle ornemental, tels sont les attributs de l'arbre vert, soit que la nature seule ait pris soin de s'en parer elle-même, soit que l'homme par son art, ou par son industrie, vienne étendre, embellir — sinon gâter quelquefois — l'action de la nature.

(1) Consulter à ce sujet :

*a*. *Les Promenades de la Ville de Paris*, publication de luxe, par M. Alphand (directeur de la voie publique); J. Rothdchild, éditeur.

*b*. *Le Guide du jardinier paysagiste*, par Siebeck (directeur des promenades à Vienne); 1 vol. folio. Même éditeur.

L'*Art des jardins*, parcs et squares, par le baron d'Ernouf; 2 vol. in 18°, avec nombreuses gravures. Même éditeur.

# CHAPITRE III.

## CULTURE ET PROPAGATION DES RÉSINEUX OU ARBRES VERTS.

### I. Repeuplements forestiers.

Semis et plantations. 1° *Semis* : En plaine, en pente rapide unie ou accidentée ; trois systèmes de labour. Modes divers de semis : labour plein, écobuage, dépouillement du sol, hersage; semis; sans préparation du terrain, par bandes alternes, en échiquier. — 2° *Plantations* : Qualités que doivent réunir les plants ; leur provenance ; plantations à *basse tige* ; préparation du terrain ; modes divers de plantations, par trous, par buttes, au plantoir Buttlar. Espacement.

### II. Culture d'agrément.

Soins particuliers à donner aux espèces rares et d'ornement. Création et entretien d'une pépinière d'arbres verts. Choix et disposition des terrains. Semis, repiquements, transplantations, paillis, arrosements, époque des plantations, binages. — Compartiment réservé, couches, châssis, propagation par boutures. Culture en pots et en paniers. Plantation. Epoques à choisir.

En indiquant les services importants que peuvent rendre les arbres verts pour la restauration des taillis ruinés ou pour la mise en rapport des terres incultes, nous avons mentionné, plutôt que nous n'avons exposé, quelques-uns des procédés à suivre pour les propager. Il importe d'étudier d'une manière complète les différentes méthodes employées pour la production de ces précieuses essences, suivant les circonstances dans lesquelles on opère. Nous examinerons d'abord les modes de semis et de plantation suivis pour les boisements et repeuplements forestiers, puis ceux plus minutieux, que l'on adopte pour la culture des espèces rares ou exotiques, et de celles que l'on destine à un but purement ornemental et d'agrément.

## I.

### REPEUPLEMENTS FORESTIERS.

Dans le premier cas, il n'est admis que deux procédés d'une application générale et facile, le semis et la plantation. Sur la question de savoir lequel est préférable de ces deux systèmes, on a beaucoup discuté et l'on discute encore, parce que les conditions d'exécution sont essentiellement variables et que l'un ou l'autre mode alternativement peut à juste titre prévaloir suivant les circonstances de lieux, de sols et de climats. En général on peut dire que lorsqu'il s'agira de peupler un terrain consistant, substantiel et gazonné à la surface, la plantation vaudra mieux, tandis que sur une terre pierreuse, sableuse, couverte de bruyères, le semis aura autant de chances de succès et sera en même temps d'une pratique plus facile.

1° *Semis.* — Occupons-nous d'abord des semis, et admettons par conséquent que nous ayons affaire à un terrain non pas gazonné, mais couvert de bruyères, de genêts ou d'ajoncs. Ce terrain peut être situé de diverses manières : il peut être en plaine, ou en pente légère, ou bien présenter une déclivité plus ou moins forte, en même temps qu'il peut être uni ou parsemé d'obstacles, tels que rochers épars, arbres disséminés, restes de vieilles cépées, etc. S'il est en pente rapide, on conçoit qu'il y aura des précautions particulières à prendre pour que la graine soit fixée sur les flancs du coteau et non entraînée à son pied, et pour que l'eau de la pluie s'arrête au voisinage de cette graine et la féconde ; si en outre les obstacles dont nous venons de parler hérissent le terrain, on conçoit encore que la préparation à lui faire subir devra en recevoir quelque modification. De là trois sortes de labour différents — lorsque toutefois il y a lieu d'employer le labour — : le labour *plein* pour les sols en plaine, le labour *par bandes alternes* pour les versants rapides, et enfin le labour *par potets* ou *en échiquier* lorsqu'il s'agit d'un terrain hérissé d'obstacles.

Étudions d'abord les semis en sol plat. Nous distinguerons quatre procédés différents :

1° *Ecobuage*, (c'est-à-dire combustion des plantes parasites, telles que bruyères, ajoncs, etc.), suivi d'un labour complet à la charrue ou à la houe si la charrue ne peut manœuvrer ; répandage de la graine et hersage;

2° Dépouillement du sol fait légèrement et de manière à ne pas déraciner complétement les bruyères, mais seulement à les déchausser et à les renverser ; puis, comme précédemment, répandage de la graine suivi de hersage;

3° Écobuage fait quelques jours, ou mieux, quelques semaines d'avance; puis répandage de la graine entre deux hersages;

4° Enfin simple répandage de la graine sans aucune préparation, suivi d'un hersage pratiqué soit avec la herse de bois ou de fer, suivant les circonstances, soit avec un fagot d'épines.

Ce dernier mode est de beaucoup le plus économique. Il n'est pas le moins efficace, comme nous allons le voir.

Celui qui le précède et qui n'en diffère que par un écobuage préalable, devrait être préféré si le sol était couvert soit de bruyères épaisses, soit de hauts genêts, soit de toute autre végétation trop serrée pour permettre l'accès du sol et la germination aux graines répandues, ou tout au moins pour laisser les jeunes brins se développer en liberté.

Le second procédé qui comprend le dépouillement du sol est excellent dans l'un et l'autre cas, surtout si la terre est couverte de lichens ou de mousses; mais il entraîne à des frais plus considérables.

Quant au premier système qui ajoute aux autres un labour complet, il coûte beaucoup plus cher et présente souvent moins de chances de succès. Cela se comprend. Un labour profond convient très-bien aux céréales par exemple dont les racines se développent et s'étendent promptement et par suite ne tardent pas à s'emparer du sol, partant à attirer et retenir par leur consistance spongieuse toute l'humidité pluviale. Mais les germes qui sortent de nos graines d'arbres ont une lenteur de développement proportionnée à la durée normale des plantes qu'ils doivent produire; leurs racines sont donc pendant les premières années, ténues, faibles, de peu de développement et hors d'état, par conséquent, de retenir l'humidité et de lutter contre l'évaporation du sol qui s'exercera sur une épaisseur de terre d'autant plus considérable que, plus profondément ameubli, il aura reçu de plus grandes quantités d'eau. Au contraire, en un sol moins cultivé, les jeunes racines seront mieux protégées contre l'évaporation d'une terre qui, à la vérité, recevra beaucoup moins d'humidité, mais aussi qui conservera mieux le peu qu'elle en aura absorbé.

L'essentiel n'est donc pas que la terre soit profondément ameublie comme s'il s'agissait de semer du blé ou du colza ; le point important, c'est que la graine soit mise en contact avec le sol. Ce sera donc par l'inspection du terrain à ensemencer que l'on reconnaîtra lequel de ces quatre systèmes sera préférablement applicable. — Si le sol est pierreux et tassé, il sera nécessaire de désagréger, par un labour modéré, sa surface trop rebelle. — Si la mousse le tapisse, il pourra être indispensable de dépouiller légèrement sa surface, et cette opération préparatoire sera, dans tous les cas, très-utile. — Si les mirtilles, les fougères, les ronces, les bruyères sont touffues, hautes, épaisses, inextricables, on s'en débarrassera au moyen d'un incendie sagement dirigé par des ouvriers intelligents munis de grandes gaules branchues. — Enfin, si le sol ne porte que des bruyères courtes ou d'autres plantes peu serrées, le meilleur procédé à suivre sera de semer sans préparation du terrain et de herser ensuite comme nous l'avons indiqué en quatrième lieu. Secouées par le hersage, les graines retenues par les plantes parasites parviendront à la surface du sol et germeront sous ce naturel abri.

Nous nous sommes jusqu'ici placé dans l'hypothèse d'un terrain plat ; mais s'il présentait une forte déclivité, les pluies ne tarderaient pas à entraîner au bas de la côte les graines qui lui auraient été confiées. On parera à ce danger au moyen du labour par *bandes alternes*. Ce labour consiste à peler et défoncer le terrain par rayons étroits alternant avec des bandes laissées incultes, et tracés horizontalement, c'est-à-dire dans une direction toujours perpendiculaire à celle de la pente. La largeur de ces rayons peut varier de 20 à 40 centimètres. « Plus le penchant est rapide, plus le rayon doit être étroit ; il faut éviter de laisser à celui-ci de la pente dans le sens de sa largeur et relever son bord inférieur en y entassant le gazon et les différentes plantes qu'on en extrait. Cette précaution est très-essentielle, afin d'empêcher que les graines ne soient entraînées par les eaux pluviales dans la bande inculte (1). »

Un terrain peut être non-seulement situé en côte rapide, il peut encore être, comme nous l'avons dit, parsemé d'accidents ou d'inégalités de diverses natures formant obstacle à un tracé de rayons continus. On défoncera alors le sol par *places, trous* ou *potets*. Ce procédé ne diffère du précédent qu'en ce que, au lieu d'établir des bandes cultivées alternant avec des bandes incultes, il dispose le sol par places carrées, les unes laissées en friche, les autres pelées et défoncées, et alternant avec les premières, — sauf les irrégularités commandées par la disposition des lieux, — à peu près comme les cases blanches et noires d'un jeu d'échecs. Du reste, même direction horizontale à donner aux parties cultivées, et même précaution d'entasser

(1) Lorentz et Parade. *Cours élémentaire de culture des bois.*

sur le bord inférieur tous les débris végétaux provenant du défoncement et de la culture du potet.

Dans ces derniers cas, la herse ne pouvant être employée, c'est à l'aide du râteau que l'on recouvrira légèrement la graine lorsqu'elle aura été répandue.

2° *Plantations*. Comme on peut procéder de diverses manières pour faire un semis, il y a aussi bien des manières de planter. Mais quelle que soit celle que l'on emploie, il y a toujours trois points principaux à considérer, savoir : 1° l'état et les qualités des plants; 2° la préparation du terrain; 3° la mise en terre des plants. Ces points établis, nous dirons quelques mots de l'espacement à adopter dans les repeuplements forestiers.

Les soins ne seront pas tout à fait les mêmes si l'on plante *à haute tige*, c'est-à-dire en employant des pieds ayant déjà 1 mètre de hauteur et plus, ou si l'on plante *à basse tige*, c'est-à-dire en employant des sujets ayant moins de 1 mètre de développement vertical. Occupons-nous d'abord des plantations à basse tige, les seules qui soient d'une pratique usuelle dans des travaux s'étendant sur une échelle de quelque importance.

Les qualités essentielles que doivent réunir de jeunes plants résineux, sont les suivantes : tige droite, sans blessures à l'écorce, épaisse et trapue de la base ; branchage régulier et proportionné aux racines, celles-ci fortes et munies d'un chevelu délié et abondant. Pour que ces conditions soient réalisées, il faut que le plant ait été, non pas *arraché*, mais *levé*, *déplanté*, et cela avec le plus grand soin ; il faut de plus qu'il provienne d'une terre bien ameublie, afin que les racines ne soient pas mutilées ou écorchées par la déplantation ; et si ce plant est âgé de plus de deux ans, il importe qu'il ait été repiqué au moins une fois en pépinière. Il serait désirable aussi de ne le lever qu'au moment même de la plantation, afin que ses racines ne demeurent hors terre que le moins de temps possible : mieux encore ferait-on d'enlever avec ces dernières la motte de terre qui les entoure ; grâce à cette précaution, la sécheresse aurait infiniment moins de prise sur le brin nouvellement planté, dont la réussite aurait, de la sorte, une très-grande chance de plus. Lorsque les circonstances ne permettent pas de réaliser ces conditions particulièrement favorables, on y supplée assez bien en plongeant les racines, au fur et à mesure de leur extraction, dans une sorte de boue liquide composée de deux parties de glaise pour une partie de fumier de vache, et on laisse sécher avant d'emballer ou de botteler les plants. Ainsi préservées du contact de l'air, les racines se conservent fort longtemps avec leur fraîcheur et leur humidité intérieures.

Pour obtenir des plants dans les conditions que nous venons de développer, le meilleur, ou mieux, l'unique moyen, c'est de les cultiver en pépinière. Nous donnerons plus loin quelque aperçu de la création et de la culture d'une pépinière d'arbres verts. Bornons-nous, quant à présent, à faire observer que ce que nous avons dit des semis *à demeure* ne s'applique point aux semis de pépinière qui se font dans des conditions toutes différentes et où l'ameublissement complet du sol est une des premières règles à observer.

La préparation du terrain, pour une plantation de jeunes brins, ou de jeunes arbres, varie suivant les circonstances. Dans un sol compacte, épais, fortement gazonné, il faudra faire, aussi longtemps à l'avance qu'on le pourra, de grands trous sur les bords desquels on rangera par ordre de qualités les diverses couches de terre que l'on aura soulevées. Si le terrain n'est que d'une médiocre consistance et que l'herbe qui le tapisse ne soit pas trop drue, on pourra se contenter de retourner une motte de gazon et d'ameublir légèrement le sol, à l'aide d'un second coup de pioche, sur l'emplacement de la mise en terre de chaque plant. S'agira-t-il de boiser un fonds à humidité stagnante et sans écoulement possible, ce ne sera plus de faire des trous qu'il faudra se préoccuper, mais au contraire de réunir les matériaux nécessaires pour former des buttes de terre qui, recouvrant les racines des plants posés à même sur le sol, les préserveront de l'immersion dans l'eau croupissante du sous-sol.

Dans ce dernier cas, ce qui a été dit pour la préparation du terrain, indique ce qui reste à faire pour la plantation proprement dite : « Poser le plant bien d'aplomb sur le sol, en l'entourant d'une butte de terre assez large pour que ses racines soient entièrement couvertes, et assez élevée pour qu'il ait une assiette solide (1). » Mais lorsqu'il a été creusé des trous, il faut, le moment de la plantation venu, jeter au fond de chaque fosse la motte de gazon enlevée à la surface ; sa décomposition formera un terreau favorable aux racines : sur cette motte, on placera le plant en étendant le plus naturellement

(1) Lorentz et Parade. *Cours élémentaire de culture de bois*, 4e édition, p. 608, *ad notam*. Cette note ajoute que le baron de Manteuffel, grand maître des forêts de Saxe, affirme avoir expérimenté ce système de plantation avec un plein succès depuis plus de vingt ans sur les essences résineuses comme sur les bois feuillus, et même dans les terrains secs aussi bien que dans les sols humides. (*Voir d'ailleurs la publication du même auteur sur les plantations, chez P. Rothschild, éditeur, Paris.*)

possible les diverses parties de son enracinement; on jettera par-dessus ce dernier la couche du terrain retiré qui paraîtra la meilleure en ayant soin de l'émietter, tout en agitant le jeune plant par un léger mouvement de haut en bas et de bas en haut pour faciliter l'introduction, sous les racines, des moindres miettes de terre; enfin, l'on achèvera de combler la fosse avec la terre la moins bonne que l'on tassera, soit avec les mains, soit avec le talon, tout autour du collet de la tige qui d'ailleurs ne devra jamais être enterré. Ce tassement demande à être fait avec une certaine habileté : trop faible, il exposerait les racines à périr, victimes de la sécheresse; trop fort, il les priverait de l'influence bienfaisante de l'air atmosphérique. Ce dernier inconvénient, tout grave qu'il est, nous paraît moindre cependant que le premier, et mieux vaut tasser trop que trop peu, bien qu'il soit préférable de le faire dans une juste mesure; avons-nous besoin d'ajouter que cette juste mesure sera singulièrement facilitée par la plantation en mottes? — Dans les sols inclinés, on disposera la terre entourant le plant suivant une pente dirigée en sens inverse de la pente générale du terrain, afin d'arrêter l'humidité et de la retenir au passage.

Si, au lieu de creuser de larges trous, on s'est

contenté d'enlever les plaques de gazon et d'ameublir un peu le sol au-dessous, et que l'on ne soit pas d'ailleurs en mesure de planter en mottes, l'ouvrier tiendra d'une main un petit plantoir à manche recourbé (*fig*. 3) qu'il enfoncera dans le sol et de l'autre le plant qu'il introduira dans l'orifice ainsi formé : une deuxième ouverture creusée de la même manière, mais dans une direction d'abord oblique à la première pour redresser ensuite l'instrument parallèlement à elle, produira le tassement nécessaire autour du plant. Ce mode est évidemment plus économique que le précédent ; on peut néanmoins, et quelquefois avec avantage, le simplifier encore. On ne fait subir alors au terrain aucune préparation préalable ; mais l'ouvrier arrive muni d'un plantoir de fer, du poids de 3 kilogrammes, disposé en pyramide rectangulaire ou triangulaire, à la base de laquelle se recourbe le manche. Lorsque cet instrument a été enfoncé dans le sol, la main qui l'a dirigé le tourne et le retourne pour ameublir la terre dans le trou qu'il s'est creusé, puis l'ouvrier continue comme on vient de le dire. — Ce système, appelé *procédé Butt-*

Fig. 3. Plantoir.

*lar*, du nom du forestier allemand qui paraît être le premier à l'avoir mis en usage, s'emploie avec succès dans un sol peu pierreux, dont la végétation herbacée n'est pas assez épaisse et assez consistante pour étouffer le jeune plant destiné à croître en contact avec elle.

Quel que soit le mode de plantation que l'on croie devoir adopter, il est encore une autre considération qu'il ne faut pas perdre de vue, c'est celle de l'*espacement*, c'est-à-dire de la distance qui doit séparer les plants les uns des autres. Dans le cas d'une plantation *à basse tige*, le seul dont nous nous occupions pour le moment, on peut dire que les plants, quelque rapprochés qu'ils soient, ne le seront jamais trop. Pour s'en rendre compte, il suffit de jeter les yeux sur un semis de cinq à six ans bien réussi : une multitude de tiges pressées les unes contre les autres y recouvrent le sol d'un ombrage impénétrable ; sous ce couvert, aucune végétation accessoire ; en sorte que, tandis que les cimes et les branches supérieures, plongeant dans un océan de lumière, s'abreuvent à longs traits de tous les principes vivifiants de l'atmosphère, les pieds et les racines maintenus dans une constante fraîcheur relative, absorbent en paix les sucs nourriciers du sol que ne leur dispute aucune plante étrangère. Dans une plantation, on atteindrait difficilement au début un état de peuplement aussi serré que dans un semis ; cela n'est d'ailleurs pas indispensable. Il suffira que les plants soient assez rapprochés les uns des autres pour que trois ou quatre ans après leur mise en terre, ils commencent à se toucher par l'extrémité de leurs branches inférieures. L'espacement à adopter pour arriver à ce résultat, variera avec les essences : il ne devra pas dépasser un mètre d'intervalle dans tous les sens, s'il s'agit de *pins sylvestres*, par exemple, âgés de deux à trois ans. Pour de forts plants d'*épicéa* de trois ou quatre ans, un espacement de deux mètres pourra suffire et nécessitera quatre fois moins de plants (1), tandis que pour du *sapin* de même âge on fera bien d'adopter un espacement intermédiaire. En général, on peut dire que l'espacement doit dépendre surtout du plus ou moins d'abondance du feuillage, dans les jeunes plants, comme de la crois-

(1) Le nombre des plants à employer sur un hectare (on suppose la plantation faite par carrés) s'obtient en divisant 100 par l'espacement et multipliant le quotient par lui-même. En appliquant ce calcul aux espacements de 0 m. 50 c., 0 m. 75 c., 1 mètre, 1 m. 25 c., 1 m. 50 c., 1 m. 75 c., 2 mètres, on voit que les nombres correspondants, chiffres arrondis, sont respectivement de 40,000, 27,800, 10,000, 6,400, 4,400, 3,300, et 2,500.

sance plus ou moins rapide des essences qu'il s'agira d'introduire dans les espaces à repeupler.

## II.

### CULTURE D'AGRÉMENT.

Nous allons donner quelques indications rapides sur les soins particuliers que réclame la culture des jeunes conifères d'origine exotique et rares encore, comme aussi de ceux, moins précieux, que l'on élève cependant dans un but ornemental. Nous dirons également quelques mots de l'établissement et de la tenue d'une pépinière d'arbres verts, bien que les pépinières de cette nature soient ordinairement créées tout autant, sinon plus, en vue des repeuplements forestiers que des plantations d'agrément. Mais leur mode de culture se rattache davantage à l'ordre d'idées que nous avons à suivre dans ce paragraphe.

L'emplacement à choisir pour une pépinière d'arbres résineux doit être situé en sol de qualité moyenne, frais sans être humide, léger et, s'il est possible, un peu sableux; mais il importe que la terre ne soit pas mélangée de pierres et de rocailles qui ne peuvent qu'avoir une action fâcheuse sur les racines, lors de l'arrachis des plants. La situation devra être telle, que notre pépinière soit abritée en même temps contre les brûlants rayons du soleil couchant, et contre ceux de ce soleil levant qui suit les équinoxes et qui souvent exerce, lors des gelées printanières ou automnales, la plus funeste influence sur les jeunes plants quand il rencontre leurs jeunes pousses. Une mare, une source, un réservoir d'eau quelconque, devra se trouver dans l'intérieur, ou à proximité de la pépinière. De larges allées partageront le terrain en un certain nombre de compartiments principaux qui seront subdivisés eux-mêmes par des allées moins larges. L'espace compris entre ces dernières sera divisé en plates-bandes de largeurs variables, suivant qu'elles seront destinées à recevoir les semis, ou qu'on se proposera d'y repiquer les plants de divers âges, ou bien d'y cultiver des brins de haute tige. Ces plates-bandes devront être soigneusement défoncées et ameublies, afin que la terre participe le plus possible aux influences atmosphériques et favorise le développement des racines en radicelles et en chevelu, et aussi afin de faciliter les arrachis ou déplantations sans endommager ces organes qui, lorsqu'il s'agit de conifères, *doivent toujours être scrupuleusement respectés.*

Les semis se feront généralement au mois d'avril, dans des rigoles peu profondes, tracées de préférence en travers des plates-bandes ; cette disposition favorisera ultérieurement l'arrachis des plants. La graine sera semée abondamment et recouverte d'une légère couche de terre de bruyère, ou de terreau de feuilles, ne dépassant pas deux ou trois millimètres et que l'on tassera soit avec le dos d'une pelle, soit en piétinant sur une planchette préalablement posée sur la bande ensemencée.

Dès l'année qui suivra le semis, il pourra se trouver quelques plates-bandes ayant eu une végétation assez belle pour que déjà leurs plants demandent à être *repiqués.*

Le *repiquement* a pour but de desserrer les brins de semis devenus trop tassés par suite de la croissance, et principalement d'entraver le développement de leur tige au profit d'une plus grande expansion de racines. Il y a deux modes différents, le *repiquement proprement dit*, qui consiste à placer isolément chaque brin à l'aide du plantoir ou de la bèche, et le *repiquement en rigoles*, qui consiste à ouvrir une série de sillons ou *rigoles*, dans lesquels on place les plants à côté les uns des autres, et que l'on referme ensuite par l'ouverture des rigoles adjacentes. Ce dernier mode est employé pour les très-jeunes plants; le premier est plus applicable à des brins d'une certaine force.

Les repiquements sont d'autant plus nombreux que les sujets qui les subissent sont destinés à rester plus longtemps en pépinière. Car tant que des plants ou jeunes arbres demeurent dans la pépinière, il importe qu'ils soient soumis à des déplantations et replantations périodiques, qui ont pour effet de contraindre les racines à renouveler sans cesse leur chevelu, tout en les empêchant de s'étendre au loin. Cette opération doit avoir lieu tous les deux ans pour les plants de un à huit ou dix ans, et tous les trois ans seulement pour des sujets plus âgés. Autant la transplantation d'un jeune arbre fréquemment déplacé dans la pépinière sera facile, sa reprise et sa bonne végétation assurées, autant celle d'un pied, même plus jeune, qui serait resté six ou sept ans à la même place, sans que ses racines aient cessé de faire corps avec le sol, serait compromise et problématique.

Tout repiquement, toute transplantation doivent être suivis d'arrosements larges et copieux, mouillant également la terre, la tige et le feuillage. Il importe de ne jamais laisser la sécheresse envahir le sol; quand arrivera le temps des chaleurs, on devra la prévenir par des paillis de mousse, de feuilles ou de fumier, des abris artificiels au besoin, et des arrosements fréquents.

Grâce à ces précautions, les repiquements et transplantations en pépinière pourront se faire pendant toute la belle saison, depuis le mois de mars jusqu'au mois de novembre. Car il n'en va pas pour les arbres résineux comme pour les arbres à feuilles caduques; les feuilles persistantes ont une contexture qui les maintient pendant un temps fort long, et les empêche de se faner; elles ne souffrent donc pas d'une déplantation momentanée de l'arbre qui les porte, et si cet arbre est replacé et fixé dans un sol suffisamment frais, elles reprennent immédiatement, ou plutôt elles n'ont pas interrompu leurs fonctions. A la condition donc d'opérer l'arrachis et la remise en terre avec les précautions désirables, *en évitant par-dessus tout d'entamer les racines*, on peut transplanter un arbre vert au mois d'août ou de juillet sans que la végétation en soit presque affectée.

Des binages et des sarclages fréquents seront faits pour maintenir la pépinière dans un constant état de propreté et empêcher surtout que les mauvaises herbes n'envahissent les plates-bandes et n'étouffent les plus jeunes plants.

Des soins plus particuliers seront pris, s'il s'agit de cultiver dans un compartiment réservé et spécial des essences rares et plus précieuses, surtout lorsqu'on doit semer de la graine venue de l'étranger, ayant navigué, ou bien dont on ignorerait la provenance. La graine ainsi fatiguée perd une forte part de sa faculté germinative, et ce n'est que par des soins tout à fait particuliers, que l'on parviendra à en tirer un certain nombre de jeunes tiges. On aura donc pour les semer un carré de terre de choix, telle que de la terre de bruyère; au besoin même, on sèmera sur couche et l'on recouvrira de châssis vitrés, en laissant cependant pénétrer une quantité d'air suffisante. Quand les germes commenceront à paraître, on avisera à donner de l'ombre pour éviter l'insolation à travers les vitres du châssis.

Cette disposition de châssis sur couches aura encore une autre utilité, celle de permettre la reproduction par boutures des espèces rares dont la graine est chère, difficile à se procurer, et d'une germination toujours incertaine. De jeunes rameaux choisis parmi ceux qui forment flèches, dépouillés du limbe de leurs feuilles à leur partie inférieure, et ainsi plantés, au printemps, dans une chaude et humide terre de couche ombragée en même temps qu'à demi étouffée par le châssis, s'enracineront presque toujours avant l'automne. A défaut de brins de semis, on pourra ainsi se procurer des sujets de bouture qui, dans bien des cas, les remplaceront suffisamment.

Aussitôt que les boutures seront enracinées, ou que les brins provenant de graines d'espèces rares et délicates seront un peu développés, il sera bon de les repiquer isolément, en pots, dans une sorte de compost de terre de bruyère et de terreau végétal. Ainsi empotés, leur culture et les soins plus particuliers qu'ils peuvent réclamer au point de vue de l'exposition, de l'ombrage, de l'abri, seront plus faciles et pourront être pratiqués plus complétement. On aura soin de les placer dans des pots plus grands au fur et à mesure de leur développement, en évitant avec le plus grand soin de laisser le chevelu des racines former une espèce de réseau inextricable entre la terre et la paroi interne du vase, ce qui a lieu immanquablement toutes les fois qu'un jeune sujet est laissé trop longtemps dans le même pot. — Dans le cas où l'on serait amené, en raison du prix et de la valeur d'un arbre, à l'élever de la sorte jusqu'à ce qu'il parvienne à l'état de haute tige, on remplacerait avantageusement les pots, qui d'ailleurs ne seraient bientôt plus assez grands, par des paniers de forme cylindrique, et l'on pourra placer le jeune baliveau ainsi disposé, en pleine terre, où on le reprendra quand et comme l'on voudra.

Ce qui a été dit plus haut pour les plantations *forestières* d'arbres verts s'applique en grande partie aux plantations d'*agrément*, c'est-à-dire à celles qui se font dans les jardins et dans les parcs pour leur ornementation. En général, cependant, on affecte de préférence à ces dernières des plants de *haute tige* qui ont reçu dans la pépinière les soins que nous venons d'indiquer, et que l'on a élevés principalement en vue de leur faire développer un beau branchage et des formes extérieures régulières. Ceci posé, tout ce que nous avons développé à la page 36 sur les qualités que doivent réunir les sujets à planter (sauf peut-être l'immersion des racines dans la glaise liquide), et, aux pages suivantes, sur la manière de creuser les trous, ou, dans les sols humides, de préparer des buttes, puis de disposer la terre autour du pied pour compléter la plantation, tout cela est applicable quand il s'agit de sujets de haute tige et d'arbres rares ou d'ornement. Nous ajouterons, en ce qui concerne le creusage des trous, que leur largeur importe plus que leur profondeur : cette dernière sera toujours suffisante si elle dépasse de quelques centimètres la hauteur verticale du pivot, tandis que les dimensions latérales ne seront jamais trop fortes; une grande largeur permettra d'abord de bien étaler, *sans les contourner*, les racines secondaires qui trouveront ensuite dans une terre ameublie et émiettée une des plus avantageuses conditions de développement, tandis qu'une fois les appendices chevelus en possession du sol, le pivot s'enfoncera toujours dans une terre non ameublie. Un arrosement abondant devra suivre la mise en terre de chaque plant, après toutefois un tassement soigneux et circonspect autour du *collet* de la racine que l'on devra, nous le répétons encore, avoir le plus grand soin de ne pas enterrer.

Lorsque les brins que l'on voudra planter appartiendront à des espèces rares ou délicates, on aura soin, en les déplantant de la pépinière, de maintenir la *motte* entourant leurs racines, et il sera bon de mêler à la terre naturelle du lieu de la plantation définitive, une certaine quantité de terre de bruyère, ou de terreau végétal, pour faciliter la reprise. Enfin, dans un sol peu frais, ou par un été de sécheresse, un bon *paillis* sera d'une grande utilité au pied des arbres ou jeunes plants nouvellement mis en terre.

Nous croyons devoir, avant de clore ce chapitre, extraire d'un article de M. André, dans le journal *la Ferme*, l'indication d'un procédé adopté par la Ville de Paris pour la transplantation et le transport des arbres verts qu'elle fait prendre dans ses pépinières, pour les placer ensuite à demeure dans ses squares, ses parcs, ses bois de Boulogne et de Vincennes :

« Autour de chaque arbre, autant que l'espace le permet, on ouvre une tranchée circulaire dans laquelle un homme peut se mouvoir à l'aise. La profondeur égale celle des dernières grosses racines, et l'on réserve une motte assez volumineuse pour qu'aucune de celles-ci ne soit mutilée, au moins dans sa portion principale. S'il s'en rencontre parfois quelqu'une d'une longueur démesurée, on la réserve avec soin pour la laisser pendre à nu.

« La motte est taillée en cône tronqué, ayant sa plus petite section transversale en bas. Puis, tout autour de cette motte, on place debout des planches légères de peuplier ou de sapin (*voliges*) disposées côte à côte avec un intervalle d'un centimètre ou deux entre chacune.

« On les relie légèrement au sommet par une ficelle qui les maintient debout provisoirement.

« Alors un homme descend dans le trou, entoure la

Fig. 4. Procédé de transplantation employé dans les Pépinières de la Ville de Paris.

base des planches avec la corde d'une presse de tonnelier, serre, au moyen de la vis de compression, jusqu'à ce que les planches soient fermement appliquées à la terre (*fig.* 4).

« Sans desserrer la presse on place, un peu au-dessus, un cercle ordinaire de barrique, de châtaignier, et on le fixe à chaque douve de ce tonneau improvisé par une petite pointe.

« On retire alors la presse (*fig.* 5), et l'on répète la même

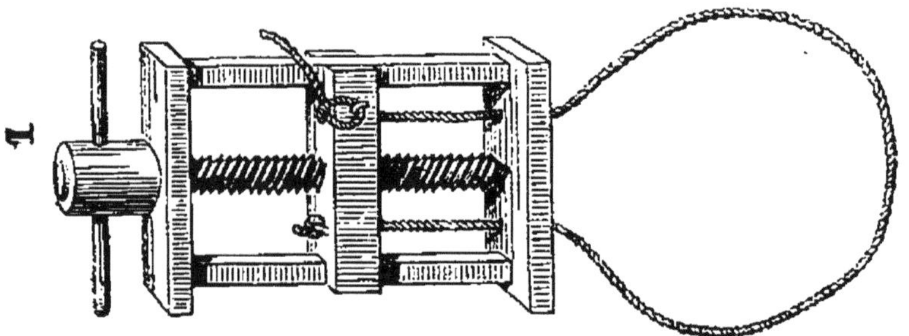


Fig. 5. Presse à cercler la motte.

opération en haut, à 10 centimètres environ du bord des douves.

« La motte étant alors parfaitement maintenue, on la renverse sur le côté afin de mettre le dessous à découvert. Un fond de tonneau, grossièrement préparé avec des planches analogues, reliées entre elles par deux lames de *feuillard* de tôle dont les bouts dépassent de 20 centimètres y est appliqué. Les bouts de feuillard sont percés de deux ou trois trous qui permettent de les clouer sur les douves verticales.

« On répète ce travail de l'autre côté, et l'opération est terminée.

« C'est alors qu'on peut manier l'arbre à volonté, sans qu'il craigne quoi que ce soit.

« Par surcroît de précaution pour les espèces délicates, on maintient la tige par des fils de fer fixés sur les bords du tonneau.

« Arrivé à destination, l'arbre est descendu à la place qu'il doit occuper; on retire le fond en le penchant légèrement sur le côté, puis on décloue les cercles, qui pourront servir à un nouvel emballage. Les racines pendantes sont étalées avec soin, et de la terre meuble et choisie est répandue autour d'elles.

« La réussite est si complète que je ne sais pas si l'on pourrait montrer, à Vincennes et dans les squares de Paris, un seul des arbres transplantés ainsi qui ait succombé à cette opération. Ceux qui sont morts à Vincennes provenaient de livraisons faites suivant le mode ordinaire des pépiniéristes auxquels il avait fallu avoir recours.

« Fort bien, me dira-t-on; mais le prix? Une presse comme celle dont nous nous servons, de bon bois de chêne et de frêne, coûte 18 francs, munie de sa corde.

« Quant à nos bacs improvisés, voici le détail de leur prix de revient:

« Pour une motte de 2 mètres de circonférence, sur 50 à 60 centimètres de haut :

| | |
|---|---|
| « 4 voliges (*croûtes*) de 2 mètres, sciées en quatre, à 22 centimes . . . . . . . . . . . . . . | » 88 |
| « 2 cercles de châtaignier, à 6 centimes . . . . | » 12 |
| « Façon du fond et du bac. . . . . . . . . . . . | » 50 |

« 2 lames feuillard de tôle de 80 centimètres de long, à 15 centimes. . . . . . . . . . . . . . . » 30

« Total. . . . . . . . . . 1 80

« On peut aussi employer des tonneaux à ciment, en bois blanc, qui sont livrés à très-bon marché après avoir servi. On les coupe en deux; chaque moitié peut former un bac. Avec cet outillage, deux hommes préparent facilement, prêts à hisser sur la charrette, *leurs cinq arbres par jour*, et un homme suffit à fabriquer sept ou huit de ces bacs dans sa journée.

« Est-ce un résultat digne de remarque; et quel propriétaire trouvera trop cher et trop long de sauvegarder ainsi, à coup sûr, la vie des arbres dont il attend, avec tant d'impatience, la reprise et la rapide croissance? »

Nous terminerons ce chapitre par quelques mots sur l'époque préférable pour la plantation des conifères. Lorsqu'il s'agira d'un jardin ou d'un parc de peu d'étendue, dans lequel on aura la facilité de prodiguer aux arbres nouvellement plantés les mêmes soins que dans la pépinière, on pourra, comme nous l'avons dit, planter avec succès, depuis les commencements de mars jusqu'au mois de novembre. Mais si l'on fait des plantations d'une importance trop grande pour leur donner des soins particuliers, on peut choisir trois époques différentes : les commencements de l'automne lorsque le soleil, s'élevant déjà moins haut au-dessus de l'horizon, conserve cependant assez de force encore pour maintenir l'activité et le mouvement de la séve; l'hiver, lorsque les froids ne sont pas trop intenses, et le printemps, lorsque la séve a commencé à se remettre en mouvement.

De ces trois époques quelle est la meilleure?

Ce qui est incontesté, c'est que le succès d'une plantation d'arbres résineux *est plus assuré quand la séve est en activité que quand elle est au repos*; seulement si l'on opère sur des étendues de terrain considérables, les deux périodes du commencement de l'automne et de la fin du printemps sont trop courtes, et force est bien de travailler en hiver. Mais, doit-on préférer la période comprenant l'automne et le commencement de l'hiver, ou bien celle qui se composerait de la fin de l'hiver et du printemps?

Hippocrate dit l'un, et Gallien dit l'autre.

Quant à nous, c'est à l'automne que nous donnerions, *en général*, la préférence. On n'est jamais sûr de ce que sera, dans toute sa durée, un été qui commence, ou va commencer. Si, à la plantation du printemps, succède un été gris et pluvieux, tout ira bien; mais aussi qu'une saison aride et brûlante le remplace ! avant que les brins n'aient eu le temps de reprendre et de s'emparer du sol par leurs racines, le hâle et le soleil auront aspiré par les feuilles tous les sucs emmagasinés dans chaque tige, sans que la terre incomplétement tassée, ait pu fournir de l'humidité en proportion de la dépense. Au contraire, si la plantation a été faite à l'automne, le sol plus pressé protégera mieux les jeunes plants, dont plusieurs, mis en terre les premiers, se seront dès le moment de leur plantation, développés en racines et auront employé l'hiver à faire du chevelu.

# CHAPITRE IV.

## NOMENCLATURE DES ARBRES VERTS.

Bases de la nomenclature générale des plantes. — Embranchements. — Monocotylédones et dicotylédones. — Dénominations et caractères généraux des *conifères*, *résineux* ou *arbres verts*. — Leur nomenclature : Endlicher et M. Carrière. — Tableau général des conifères en ordres, sections et genres.

Sans vouloir effrayer le lecteur par la phraséologie ennuyeuse et pédantesque du langage technique, nous devons cependant esquisser à grands traits les éléments indispensables de la nomenclature des plantes.

Deux grands *embranchements* se partagent le règne végétal : le premier comprend les *Phanérogames*, c'est-à-dire les plantes dont les organes de reproduction (autrement les fleurs) sont *apparents* (φανερὸς, de φαίνω, je montre, γάμος, hymen). C'est le plus important; les quatre cinquièmes des plantes connues s'y rattachent. Le second embranchement se compose des *Cryptogames* (γάμος et κρυπτὸς, caché), qui n'ont pas de fleurs proprement dites et dont les organes de reproduction sont cachés dans l'intérieur des tissus : les champignons, les mousses, les algues, les lycopodes et les fougères sont les principaux représentants de cet embranchement secondaire, dans lequel nous n'avons d'ailleurs rien à voir. Les cryptogames sont *acotylédonés* (α privatif et κοτυληδων), tandis que les phanérogames sont *mono-di-poly-cotylédonés*, c'est-à-dire qu'ils peuvent avoir un, deux ou plusieurs *cotylédons*.

Or qu'est-ce que des cotylédons? Ce sont de petits renflements situés sur la partie latérale des graines et qui, celles-ci mises en terre, se développent en appendices charnus, en même temps que la *radicule* s'allonge en racine et que l'*embryon* ou germe commence à former une petite tige ou *tigelle*.

Ces appendices développés prennent le nom de *feuilles séminales* et fournissent à la plante naissante sa première nourriture, absolument comme l'albumine ou blanc d'œuf au poussin, ou comme le lait du sein maternel au jeune mammifère.

Les phanérogames monocotylédonés ne nous intéressent pas plus que les acotylédonés ou cryptogames; nous n'y reviendrons pas. Quant aux *dicotylédonés*, division qui comprend la grande majorité des végétaux, ils nous intéressent en ce que les conifères, plantes généralement polycotylédonées, appartiennent à une section importante de cette grande division, la section des *gymnospermes*, dont nous avons déjà dit un mot au commencement de notre deuxième chapitre (p. 12 *ad notam*). Ils sont ainsi nommés par opposition à la subdivision la plus nombreuse appelée *angiosperme* ('Αγγεῖον, vase; σπέρμα, graine), parce que les *ovules* ou graines y sont contenus dans des espèces de sacs appelés *ovaires*.

Nous résumerons les indications qui précèdent dans le petit tableau suivant :

| | | | |
|---|---|---|---|
| CRYPTOGAMES OU ACOTYLÉDONÉS : | Algues, champignons, fougères, etc. | | |
| PHANÉROGAMES : | **Monocotylédones :** | Graminées, palmiers, orchidées. | |
| | **Dipolycotylédones** | ANGIOSPERMES | Tous les arbres non résineux de nos climats. |
| | | GYMNOSPERMES | Cycadées. CONIFÈRES. |

Ces préliminaires posés, nous pouvons entrer

dans le détail de la classification spéciale des conifères.

Par leurs trois dénominations, les *conifères, arbres verts* ou *résineux*, indiquent les caractères qui les séparent de la manière la plus apparente de tous les autres végétaux, arbres compris. Et cependant aucun de ces caractères n'est absolu ou universel.

La dénomination botanique de *conifère* n'est point absolue, car d'autres plantes que les arbres verts ont leurs fruits en *cônes* ou *strobiles;* la plupart des cycadées sont dans ce cas. Elle n'est point universelle, car plusieurs résineux, tels que l'if, le ginkgo, etc., ont pour fruits des drupes, et non des cônes. Toutefois la majorité des arbres que nous avons en vue portent leurs fruits en strobiles, et leurs divers caractères les différencient trop complètement des autres gymnospermes, pour qu'aucune confusion soit possible.

La qualification vulgaire d'*arbres verts* est moins rigoureuse encore. Elle signifie des arbres dont les feuilles ne tombent qu'après le développement de celles qui les doivent remplacer, d'où résulte une perpétuelle verdure que n'interrompt point le froid des hivers. Mais il en est de même d'un grand nombre d'espèces entièrement étrangères à cette classe : il suffit de nommer les buis, les houx, les lauriers, les chênes verts et tant d'autres. En même temps il se rencontre quelques espèces de conifères qui, faisant exception à la règle générale, perdent leurs feuilles à chaque automne pour ne les reprendre qu'au printemps suivant : tout le monde a nommé le mélèze, auquel nous joindrons le cyprès chauve ou *taxodium distichum*, et le ginkgo ou *salisburia*, déjà signalé comme ne portant pas de cônes.

Il reste l'appellation d'*arbres résineux* qu'emploient plus ordinairement les forestiers. Elle a moins d'inconvénients que les deux autres, car, en premier lieu, ce ne sont que les arbres de cette classe qui sécrètent dans leurs tissus la résine proprement dite ; et, ensuite, s'il en est quelques-uns qui soient d'une grande pauvreté en ce genre de produits, comme les taxinées par exemple, encore en laissent-ils parfois surprendre quelques traces à travers leurs fibres et leurs cellules.

Du reste, un point qui ne laisse plus la place à aucune confusion, à aucun doute, c'est la structure intérieure du bois des conifères, qui les sépare nettement de tous les autres arbres. « A l'exception de quelques trachées distribuées dans l'étui médullaire, dit Adrien de Jussieu, ce sont des fibres qui constituent *seules* tout le bois, » tandis que le bois des autres essences comprend en outre un grand nombre de vaisseaux de différentes formes, disséminés dans tout le tissu fibreux, que partagent encore des *rayons médullaires*, ou lames verticales, partant soit de la moelle, soit de divers points de la zone ligneuse pour atteindre les premiers tissus de l'écorce.

Les feuilles des résineux sont généralement *aciculaires*, c'est-à-dire en forme d'aiguilles (*acus* aiguille, et son diminutif *acicula*), ou au moins *acuminées*, c'est-à-dire se terminant en pointe (*acumen*), comme dans l'Araucaria du Chili et le Cunninghamia de la Chine. Cependant elles se rapprochent quelquefois davantage de la forme lancéolée, comme dans les podocarpées et quelques taxinées, ou s'éloignent même entièrement de la disposition allongée; car dans le Gink-Go *Biloba* ou à *deux lobes*, elles ont une forme tout à fait voisine des feuilles des arbres non résineux. Mais en examinant de près la structure des organes foliacés du Gink-Go, l'on voit qu'au lieu de se ramifier en un grand nombre de subdivisions comme dans ces dernières, les fibres qui les composent conservent leur forme linéaire et s'étalent seulement en éventail (*fig.* 6), au lieu de rester en faisceau, comme, par exemple, dans l'épicéa ou les pins.

Un autre caractère extérieur très-fréquent chez les arbres verts, c'est la forme pyramidale de la ramure autour de la tige. Tous les abiétinés, notamment, affectent cet aspect que nous décrirons plus complétement, quand nous en serons arrivés à cet ordre.

Fig. 6.
Une feuille de Gink-Go.

Endlicher, et, après lui, M. Carrière, répartissent la grande classe des conifères en cinq ordres principaux dont voici l'énumération :

*Cupressinées, Abiétinées, Podocarpées, Taxinées, Gnétacées.*

Les limites qui séparent ces genres sont assez délicates et assez difficiles à saisir; aussi personne n'est d'accord à cet égard.

Il en résulte une complication de nomenclature qui peut avoir son utilité et ses avantages au point de vue de la science pure et de la théorie; mais pour un traité essentiellement pratique, comme celui que nous voulons écrire, il nous paraît qu'on doit viser avant tout à la simplification et à la clarté. Pour atteindre ce but, nous éviterons la distinction des sous-ordres, et nous nous bornerons à une subdivision uniforme des ordres en sections, en genres et en espèces, en nous contentant de mentionner, seulement pour mémoire, ceux qui n'ont qu'un intérêt théorique ou de collection.

Le tableau ci-après résume la distribution que nous avons adoptée, pour les genres des conifères que nous nous proposons d'étudier séparément dans les pages qui vont suivre :

## ORDRE PREMIER.

### Abiétinées.

**DEUX SECTIONS.**

I. ABIES. — II. PINUS.

### Section première.

ABIES.

Cinq genres :

**1° Sapin proprement dit (abies vera).**
**2° Tsuga.**

3° **Epicea.**
4° **Mélèze.**
5° **Cèdre.**

### Section deuxième.

PINUS.

Genre unique en quatre groupes.

1° **Pins à deux feuilles.**
2° **Pins à deux et trois feuilles.**
3° **Pins à trois feuilles.**
4° **Pins à cinq feuilles.**

## ORDRE II.

## Araucariées-Cunninghamiées.

Six genres :

1° **Araucaria.**
2° **Dammara.**
3° **Cunninghamia.**
4° **Skiadopitys.**
5° **Arthrotaxis.**
6° **Sequoia ou Gigantabies.**

## ORDRE III.

## Cupressinées.

### CINQ SECTIONS.

I. TAXODINÉES. — II. CUPRESSINÉES PROPREMENT DITS.

— III. THUYOPSIDÉES. — IV. ACTINOSTROBÉES. — V. JUNIPÉRINÉES.

### Section première.

TAXODINÉES.

Trois genres :

1° **Taxodium.**
2° **Glyptostrobe.**
3° **Cryptoméria.**

### Section deuxième.

CUPRESSINÉES PROPREMENT DITS.

**Cyprès. — Chamœcyparis. — Retinispores.**

### Section troisième.

THUYOPSIDÉES.

Trois genres :

1° **Thuya.**
2° **Thuyopsis.**
3° **Fitz-Roya.**

### Section quatrième.

ACTINOSTROBÉES.

Cinq genres :

1° **Libocèdre.**
2° **Callitris.**

3° **Actinostrobe.**
4° **Frénèle.**
5° **Widdringtonia.**

### Section cinquième.

JUNIPÉRINÉES.

Genre unique en trois groupes :

1° **Genevriers exacèdres.**
2° **Genevriers sabines.**
3° **Genevriers cupressoïdes.**

## ORDRE IV.

## Taxacées.

### DEUX SECTIONS.

I. TAXINÉES. — II. PODOCARPÉES.

### Section première.

TAXINÉES.

Cinq genres :

1° **If.**
2° **Torreya.**
3° **Céphalotaxe.**
4° **Salisburia.**
5° **Phyllociade.**

## Section deuxième.

### PODOCARPÉES.

Trois genres :

1° **Podocarpe.**

2° **Dacrydium.**

3° **Saxo-Gothœa.**

## ORDRE V (1).

### Gnétacées.

Deux genres :

1° **Gnetum.**

2° **Ephédra.**

(1) Cet ordre V, sans aucun intérêt cultural ou pratique, n'est mentionné ici que pour mémoire. Il n'en sera plus question dans la suite de cet opuscule.

# CHAPITRE V.

## ORDRE PREMIER.

## LES ABIÉTINÉES.

### Section première, — dite ABIES.

Caractères généraux de tous les *Abiétinées*. — Caractères relatifs à l'ensemble de la section *Abies*. — Caractères distinctifs du genre *Sapin*. — Monographie détaillée du *Sapin commun* pris pour type. — Monographies particulières de seize espèces. — Observations.

Caractères distinctifs du genre *Tsuga*. — Monographies de cinq tsugas. — Les sapins ou tsugas de Lewis et Clarke.

Caractères distinctifs du genre *Epicéa*. — Monographie détaillée de l'*Epicéa commun* pris pour type. — Monographies particulières de six espèces.

Caractères distinctifs du genre *Mélèze*. — Monographie détaillée du *Mélèze d'Europe* pris pour type. — Monographies particulières de quatre espèces.

Caractères comparatifs du *Mélèze* et du *Cèdre*. — Ce qui caractérise les cèdres. — Monographies des trois cèdres du Liban, de l'Atlas et de l'Inde.

Les Abiétinées sont, pour la plupart, de très-grands arbres, qui parviennent quelquefois à des dimensions gigantesques, mais qui, plus rarement, sous l'influence d'une latitude trop polaire, ou d'une altitude trop grande, se réduisent à l'état de simples arbrisseaux. Le tronc est normalement droit et sans bifurcation, et affecte une forme cylindro-conique ; sous l'influence de causes accidentelles et d'intempéries, il se contourne comme dans les pins sylvestre et maritime, ou bien, à la suite de l'atrophie ou de la rupture du bourgeon terminal, se partage en plusieurs tiges latérales, comme cela se rencontre — rarement à la vérité — dans l'épicéa et le sapin. Les branches principales se forment par *verticilles*, c'est-à-dire par couronnes provenant de bourgeons latéraux qui naissent chaque année autour de la base du bourgeon terminal. Ces branches et leurs ramifications sont les seules que produisent les pins ; mais les choses ne se passent pas de même dans les autres genres, où, dès la seconde année, de nombreux bourgeons adventifs se forment sur tous les points de la pousse de l'année précédente, et donnent ainsi naissance, entre les verticilles des branches principales, à de nombreuses branches secondaires ayant leur origine sur la tige elle-même.

Les feuilles des abiétinées sont persistantes, excepté dans le mélèze, et généralement *aciculaires*, c'est-à-dire de forme étroitement linéaire; suivant les genres, elles sont éparses, ou réunies en groupes ou faisceaux.

Les fleurs mâles et femelles sont réunies sur chaque arbre, ce que les botanistes désignent par le mot *monoïques* [Μονος (*monos*), seul; οιxία (*oïkia*), maison, demeure]. Elles affectent la forme de chatons qui, munis d'écailles chez les femelles, se transforment, par la maturation, en ces strobiles ou *cônes* dont nous avons parlé au chapitre précédent.

L'aspect d'ensemble des arbres de l'ordre abiétinée, lorsqu'ils ont crû isolément et dans des conditions d'ailleurs favorables, est celui de belles et régulières pyramides de verdure.

## SECTION PREMIÈRE.

## ABIES.

En désignant cette section sous la rubrique *Abies*, nous n'entendons point dire que tous les arbres qui la composent soient des *sapins*; loin de là. Nous l'avons adoptée faute d'une désignation meilleure, par une sorte de métonymie, en appliquant à la section tout entière le nom de celui de ses genres qui paraît en résumer le mieux les caractères généraux.

Ces caractères généraux sont les suivants : les feuilles sont non-seulement aciculaires, mais relativement courtes et rigides, sauf, pour cette dernière propriété, dans le mélèze, dont les appendices foliacés, caducs et annuels, ont la consistance molle et délicate des mêmes organes sur les arbres feuillus. La disposition de ces organes est *éparse* ou *solitaire*, ce qui signifie que les feuilles s'insèrent une à une sur les branches et les rameaux; à la vérité, les cèdres et les mélèzes semblent, au premier abord, démentir cette assertion, mais en apparence seulement : la réunion de leurs feuilles au sommet de ramules très-courts provient de l'avortement partiel de ces ramules, et, si elles sont ainsi rapprochées et groupées, leur indépendance réciproque n'en est pas moins réelle. La formation de bourgeons adventifs ou latéraux entre les deux derniers verticilles de branches principales, est encore un caractère particulier à la section *Abies*; nous ne le retrouverons pas dans les pins. Les écailles des cônes sont peu épaisses, amincies sur les bords, aplaties et lisses sur la face dorsale.

### PREMIER GENRE. — SAPIN.

Les sapins proprement dits (*abies vera, abietes veræ*) ont leurs feuilles légèrement aplaties dans le sens de la longueur, et striées de deux raies blanches à la face inférieure ; elles sont rangées par deux lignes superposées de chaque côté du rameau, sauf dans quelques sapins de Grèce et d'Espagne. Les cônes se dressent verticalement sur

Fig. 7. Rameau et cônes de Sapin commun au 1/9 des dimensions naturelles.

les jeunes branches qui les portent, la pointe regardant le ciel (*fig.* 7), et à la maturité les écailles se désarticulent et tombent avec la graine, l'axe seul restant érigé à la place qu'occupait le strobile.

La séve n'agit sur la croissance en longueur des sapins, que pendant une seule époque qui commence aux premières effluves du printemps, et dure six à huit semaines.

## I. — Sapin commun, Abies vulgaris.

Sapin Pectiné (1), à feuilles d'if, argenté, des Vosges, du Jura, de Normandie, Sapin Blanc.

Un géant au front sourcilleux étendant en toutes directions mille bras inclinés sous le poids de leur sombre robe verte, tel est l'aspect général du Sapin commun ; vers le faîte de cette pyramide se dressent les cônes sur de jeunes rameaux (*fig.* 7). Le tronc, gris-cendré, semble d'argent quand, pendant la nuit, un pâle rayon de lune égaré sous le noir feuillage glisse jusqu'à lui. Et quand, au milieu de l'hiver, les branches s'inclinent davantage encore sous

(1) *Pectinata, en peigne.* Cette dénomination est tirée de la disposition des feuilles rangées symétriquement et à plat des deux côtés du rameau, à la façon des dents d'un peigne.

le double poids de leurs feuilles et d'un épais manteau de neige, le géant devient un blanc fantôme qui fait entendre, sous l'effort de la bise, de plaintifs accents.

Habitant des montagnes, le Sapin est indigène ou acclimaté de temps immémorial dans les Pyrénées, les Cévennes, les Alpes, le Jura et les Vosges, et forme aussi de beaux massifs dans quelques parties de la Normandie. C'est surtout à l'état isolé qu'il présente l'aspect que nous venons de décrire; serré par d'autres arbres, il perd ses branches inférieures, et sa tige forme une colonne svelte et droite, qui, sous le gothique chapiteau d'une cime élevée parfois jusques à 40 mètres au dessus du sol, respire à la fois la grandeur, la grâce et la majesté.

Le bois du Sapin commun est assez estimé, surtout pour la charpente ; s'il n'a pas la durée et la solidité du chêne, il est d'autre part moins sujet à se tourmenter. La menuiserie en fait un grand usage, et l'ébénisterie l'emploie pour la carcasse des meubles. Dans les pays où cet arbre est abondant, on en fait des bardeaux pour la couverture des maisons.

Comme chauffage, le bois en est médiocre, mais son charbon est estimé pour la fabrication du fer.

C'est du Sapin que s'extrait la *térébenthine de Strasbourg*, qui abonde dans les cônes, dans la graine et sous l'épiderme de l'écorce des jeunes arbres, où elle est contenue dans des vessies de forme ronde ou ovoïde, ayant quelquefois jusqu'à un pouce de diamètre. La colophane dont les violonistes enduisent leur archet, n'est autre que le résidu de cette térébenthine distillée.

Une exposition fraîche est nécessaire à la bonne croissance du Sapin, surtout dans un climat tempéré, et il lui faut absolument un sol profond pour enfoncer ses racines, qui pivotent verticalement jusqu'à près d'un mètre. Il bourgeonne d'assez bonne heure ; en sorte que, dans les pays où d'abondantes neiges ne prolongent pas la durée de l'hiver, les gelées printanières le font parfois souffrir.

Quant à la qualité du terrain, elle importe assez peu, pourvu que ce ne soit ni un sol brûlant, ni un sol marécageux ; il prospère dans les rochers, entre les fissures desquels il introduit et asseoit ses racines. Celles-ci, quelquefois, se greffent par approche sur celles d'un sapin voisin et, si ce dernier vient à être coupé par la suite, sa souche, associée à la végétation de l'autre arbre, continue à grossir en même temps qu'elle se couronne, à la section de l'écorce, d'un bourrelet circulaire.

C'est vers l'âge de soixante-dix ans que le Sapin fournit des graines mûres, et son *exploitabilité*, c'est-à-dire l'âge auquel il y a le plus d'avantage à le couper au point de vue du rendement en matériel, varie de cent à cent quarante ans. Le jeune plant étant très-délicat, a besoin d'un épais et long abri; on dirigera les coupes de régénération en conséquence. Celle d'ensemencement devra être *sombre* et serrée; la coupe secondaire devra se faire graduellement et en plusieurs années, et ce sera seulement quand les jeunes brins de semis approcheront de 1 mètre de hauteur, que l'on pourra songer à la coupe définitive.

Pour les repeuplements artificiels en grand, les semis ne devront être entrepris que moyennant des conditions d'ombre et d'abri suffisantes. En général, les semis par bandes alternes seraient préférables, si les bandes incultes portaient une végétation assez élevée pour protéger suffisamment les jeunes tiges pendant les premières années. La quantité moyenne de graines à employer serait de 40 kilogrammes environ à l'hectare.

Les plantations, soit à haute, soit à basse tige, demanderont un soin plus particulier pour l'arrachis ou enlèvement préalable : il importe par-dessus tout de ne pas endommager la racine principale, ou le *pivot*. — Si par malheur ce pivot avait été coupé ou brisé, il faudrait aussitôt le ligaturer fortement au-dessus de l'endroit blessé ou tranché ; on peut ainsi remédier partiellement au mal en arrêtant l'écoulement et la déperdition de séve qui se produiraient infailliblement sans cette précaution.

Isolé, le Sapin commun est d'un très-bel effet sur les pelouses d'un parc. En massifs, il forme d'admirables bosquets pleins d'ombre, de fraîcheur et de rêverie.

## Variétés du Sapin commun.

Nous signalerons seulement trois variétés du sapin-peigne, ou sapin commun :

(a) Le SAPIN NAIN (*Abies Pectinata Nana*) serait d'un joli effet décoratif au sommet ou sur le flanc d'un monticule de rocaille, ou d'un rocher rustique. C'est un arbuste étalé, buissonneux, qui ne dépasse pas 2 mètres de hauteur.

(b) Le SAPIN PLEUREUR, *Abies Pectinata Pendula*, dont le nom indique la conformation, a les branches bien plus pendantes que le type de l'espèce, tandis qu'à l'inverse, le SAPIN PYRAMIDAL, *Abies Pec-*

*tinata Pyramidalis*, a les branches dressées et pressées contre la tige à la manière d'un peuplier d'Italie.

Ces différences d'aspect peuvent être très-heureusement utilisées pour l'embellissement des points de vue et des paysages.

## II. — Sapin d'Espagne, Abies Pinsapo. — 1839 (1).

Au premier abord, ce sapin ne ressemble pas à ses congénères. Ses feuilles, d'ailleurs très-nombreuses et très-pressées, sont raides, piquantes et disposées, non pas de chaque côté, mais tout autour des rameaux ; ceux-ci, courts, trapus, régulièrement opposés, naissent à angle presque droit et en croix. De cet ensemble de circonstances résulte pour le *Sapin d'Espagne* un aspect original et *sui generis*, qui ne le laisse confondre avec aucun autre ; ajoutons que les feuilles persistent pendant huit ou dix ans, tandis que celles des autres sapins ne durent guère plus de trois à quatre ans, et que, par suite, le Pinsapo forme à lui seul un massif extrêmement compacte.

(1) La date inscrite à la suite du nom latin est celle de l'introduction dans nos contrées.

Cet arbre a été découvert en 1839 par M. Boissier dans les montagnes de la péninsule ibérique; il forme des forêts dans les Sierras Benneja et Nevada, dans les montagnes de Grenade et dans la province de Ronda, à une altitude de 1,100 à 2,000 mètres. On croit qu'il existe en grande quantité dans notre colonie d'Afrique, sur les montagnes des Babers et de la Kabylie.

L'effet ornemental du Sapin d'Espagne à l'état isolé est admirable. Aussi l'horticulture l'a-t-elle activement propagé; il n'est pas moins intéressant au point de vue des reboisements et de l'exploitation. Car, bien qu'il n'ait pas encore été fait sur les qualités de son bois des expériences concluantes et définitives, il paraît cependant que ce bois serait d'une grande dureté et très-riche en résine, tandis que l'arbre jouirait d'une grande rusticité et d'un tempérament bien plus robuste que le sapin commun, le type du genre. Ainsi une moins grande précocité des bourgeons le rend moins sensible aux gelées printanières; il paraît moins difficile encore sur le choix des terrains, et irait jusqu'à s'accommoder des sols crayeux, si contraires au Pectiné.

Enfin il supporterait, mieux que les autres abiétinées, le contact des exhalaisons malsaines qui s'échappent des grandes villes (1). Mais un point sur lequel il se montre très-exigeant, c'est la profondeur de la couche, ou de la veine de terre destinée à subvenir au développement de ses racines; celles-ci, très-pivotantes, ont, plus qu'en tout autre conifère, besoin d'être scrupuleusement respectées

Le Pinsapo paraît assez précoce et commence à donner des fruits fertiles vers vingt-cinq ou trente ans : ses cônes, disposés en assez grand nombre vers l'extrémité des branches su-

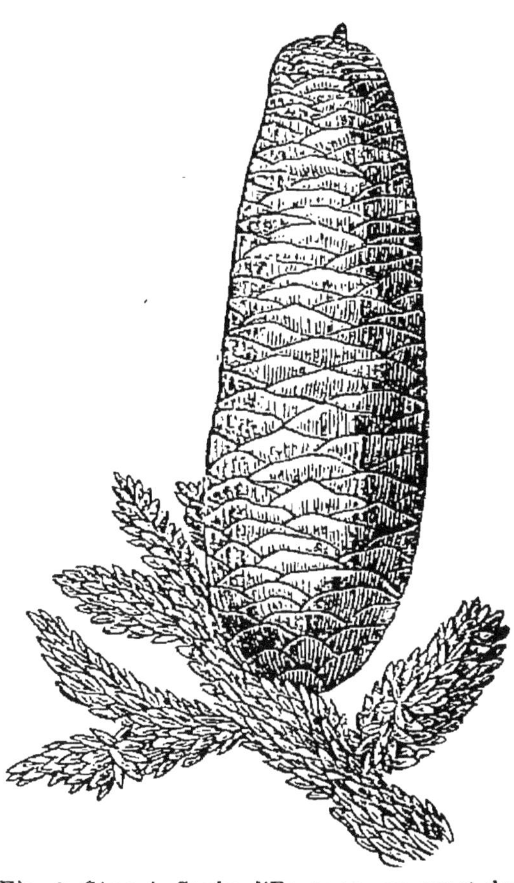

Fig. 8. Cône de Sapin d'Espagne, au quart des dimensions naturelles.

(1) Standish and Noble. *Practical hints on ornemental trees* (p. 48)

périeures, sur lesquelles ils sont sessiles, ont une longueur de 10 à 12 centimètres, et leur plus grande largeur atteindrait, suivant Gordon, 6 à 8 centimètres (*fig*. 8).

On a dit que la hauteur du Sapin d'Espagne ne dépasse pas 20 à 25 mètres : attendons, pour nous prononcer sur ce point, que le Sapin d'Espagne soit assez ancien chez nous pour qu'on ait pu le cultiver *en massifs réguliers*, et le conduire ainsi jusqu'à un âge avancé, qui permette de fixer les limites de son exploitabilité.

Il serait difficile de donner dès à présent des indications spéciales sur l'éducation en futaie de cet arbre. On peut induire cependant de l'extrême compacité de son feuillage et de l'épais couvert qui doit en résulter sur le sol, que les éclaircies pourront, ainsi que les coupes de régénération, être faites d'une manière moins serrée que pour le sapin des Vosges.

La graine étant encore rare, chère et surtout fatiguée par les transports qu'elle subit avant de nous arriver, on ne peut guère en faire des semis à demeure. C'est donc par la plantation qu'on propagera le Pinsapo. Conserver ses racines intactes et leur creuser des trous suffisamment profonds, telle est la recommandation principale que nous adresserons à ceux qui voudront planter le Sapin d'Espagne.

On a essayé de le multiplier par la greffe, mais les résultats ainsi obtenus n'ont pas été jusqu'à présent des plus encourageants.

## III. — Sapin de Céphalonie, Abies Cephalonica. 1824.

Sapin d'Apollon, de Luscombe; Koukounaria.

Le Sapin du mont Enos, en Céphalonie, découvert en 1824 par le général Napier, ressemble beaucoup au Sapin d'Espagne; il a, comme lui, les feuilles piquantes et hérissées autour des rameaux, et ceux-ci disposés en croix et à angles presque droits. Mais ces feuilles sont plus longues, aplaties à leur base et sensiblement argentées par-dessous, tandis que celles du Pinsapo paraissent aussi grosses au voisinage de leur sommet qu'à leur naissance, et, souvent presque cylindriques, laissent difficilement distinguer parfois les stries blanches de la face inférieure.

Mais ces différences de détail ne sont pas sensibles à distance, et l'effet ornemental du Koukounaria est aussi remarquable que celui du Pinsapo. Sa hauteur n'est évaluée qu'à 20 mètres, mais nous pouvons reproduire à cet égard l'observation faite au sujet du Sapin d'Espagne. C'est aussi un arbre de montagnes, dont la station s'élève à 1,600 mètres au-dessus du niveau de la mer.

Les cônes sont remarquables par leur forme cylindrique et allongée ; leur longueur est de 17 à 18 centimètres ; ils atteignent à peine le quart de ce chiffre dans leur plus grand diamètre horizontal.

Comme tempérament, le Sapin de Céphalonie paraît presque aussi heureusement doué que le précédent ; mais son entrée en végétation se rapprochant davantage de celle du sapin commun, il est, comme celui-ci, susceptible d'être attaqué par les gelées printanières.

Nous manquons de données sur les qualités du bois ; il ne paraît pas qu'on se soit beaucoup préoccupé de l'arbre à ce point de vue, ce qui indiquerait que c'est surtout dans l'ornementation que réside son mérite.

En ce qui concerne la propagation et la multiplication du Sapin du mont Enos, comme aussi sa culture en massifs, nous n'avons qu'à renvoyer le lecteur à ce que nous avons dit à cet égard sur le Pinsapo.

## Variétés du Koukounaria.

Comme variétés du Koukounaria, nous citerons les Sapins du *Péloponèse* et de la *Reine Amélie*, si tant est que ces deux dénominations ne se rattachent point à une seule variété. Le premier se rencontre dans toutes les montagnes de la Grèce, et notamment sur le Parnasse. Est-il le sapin des poëtes? — C'est un arbre très-rameux, dont on évalue la hauteur à 20 ou 25 mètres ; ses feuilles ont la forme, la raideur, l'acuité et la disposition de celles du *Cephalonica ;* on remarque à son écorce une teinte brun-jaunâtre. Le Sapin du Péloponèse est bien le même que celui que l'on a surnommé, en 1860, *Reginæ Amaliæ*, du nom de la reine alors régnante en Grèce (1). Il a le plus grand rapport avec le Koukounaria, qu'il surpasse peut-être en beauté. L'attention a été attirée sur lui, ces dernières années, par suite d'un envoi important de ses graines adressé au jardin d'acclimatation, par M. Bourrée, notre consul à Athènes, qui avait été frappé des résultats d'un mode parti-

(1) On le désigne quelquefois aussi sous ce nom : *Abies Panachïaca*.

culier d'exploitation de ce sapin dans les montagnes de Morée, où il l'observa. Les habitants de ces contrées ont l'habitude d'en couper les cimes à une certaine hauteur, pour faire des perches : plusieurs cimes nouvelles se reformant au point de section, les arbres présentaient le bizarre aspect de sapins à plusieurs têtes ; on avait cru voir là une faculté spéciale et extraordinaire : c'était une erreur. Le sapin proprement dit, *Abies Vulgaris*, possède à un plus haut degré qu'on ne le pense communément, le don de se refaire des flèches, lorsqu'on a coupé la flèche primitive, surtout si cette coupe a été faite au-dessus du nœud d'un verticille. Seulement, comme nous n'avons pas l'habitude, en France, d'exploiter le sapin en têtard, ainsi que paraissent le faire les habitants du Péloponèse, nos sapinières ne présentent pas l'aspect étrange que doit offrir à l'œil une multitude de cimes verticales reposant sur un petit nombre de troncs.

## IV. — Sapin de Cilicie, Abies Cilicica, Candicans, Leïoclada. — 1853.

Quelles sont bien les véritables dimensions du Sapin de l'Asie Mineure ? D'après M. Carrière, il ne dépasserait pas 12 à 14 mètres de hauteur, et son diamètre moyen ne serait guère que de 50 à 60 centimètres, tandis que les catalogues des horticulteurs, notamment ceux de la maison Vilmorin-Andrieux, à Paris, lui donnent une stature de 40 mètres.

Cet arbre fut découvert en 1853, sur divers points de la chaîne du Taurus, en Cilicie, en mélange avec le cèdre du Liban et quelques genévriers, à des altitudes variant de 300 à 2,700 mètres au-dessus du niveau de la mer. M. Kotschy, botaniste allemand, constata le premier son existence. « Ce Sapin, dit-il, se reconnaît à sa teinte d'un gris argenté. Il est, en outre, remarquable par son port élancé, son tronc garni de branches dès la base, ainsi que par ses rameaux couverts de feuilles longues et rapprochées. L'abondance des cônes, leur longueur, leur position, donnent au sommet de l'arbre l'aspect d'un immense candélabre garni de cierges... Le bois du Sapin de Cilicie est mou et sujet à se pourrir ; les planches que l'on en retire s'emploient de préférence en volige, parce que, sous l'influence de la chaleur, elles sont moins sujettes à se contourner que celles des cèdres et des pins. Les arbres commencent à fructifier dès qu'ils ont atteint l'âge de dix ans. »

## V. — SAPIN GRANDISSIME OU EN FAUX, Abies grandis, Falcata. — 1831.

Il justifie bien son nom, le Sapin Grandissime, s'il est vrai qu'il parvienne à une hauteur de 280 pieds, avec 5 mètres de circonférence, comme nous l'indique M. Van Geert, horticulteur à Anvers, dans son *Catalogue raisonné*. N'accordons, comme M. Carrière (1), à ce conifère que 60 à 70 mètres, ce qui est déjà respectable et suffit encore à faire honneur au nom (2). Il a été découvert dans les montagnes et les vallées de la Californie, notamment sur les bords du Frazer, et a été introduit chez nous en 1831. Le port de cet arbre est majestueux, et se rapproche de celui du sapin commun, qu'il

(1) Il se pourrait que ces deux versions sur la hauteur que peut atteindre le Sapin Grandissime fussent conciliables. Gordon dit en effet que cet arbre atteint communément 180 ou 200 pieds, mais il ajoute que sur les bords de la rivière du Frazer, dans des terrains d'alluvion, Jeffrey en a trouvé qui mesuraient 280 pieds de haut dont 50 sous branches, et 5 pieds de diamètre. D'où l'on peut conclure que 60 à 70 mètres représentent la hauteur qu'atteint communément le Sapin Grandissime, mais que dans des conditions de terrain et de climat exceptionnellement favorables, il peut atteindre près de 95 mètres de haut avec une circonférence de 5 mètres.

(2) *Traité général des Conifères*, 1re édition.

surpasse en hauteur, et doit par conséquent surpasser aussi en magnificence. Il s'en distingue par ses feuilles beaucoup plus longues et d'un vert plus clair à la face supérieure ; elles sont du reste *pectinées* comme dans le type du genre, et souvent recourbées à la manière d'une faux, *falquées*. L'écorce est écailleuse et, comme les cônes, de couleur brune ; ces derniers affectent une forme ovoïde qui rappelle celle des cônes du cèdre, mais beaucoup plus allongée : ils ont ordinairement 8 à 10 centimètres de long, sur 4 environ de diamètre (*fig.* 9).

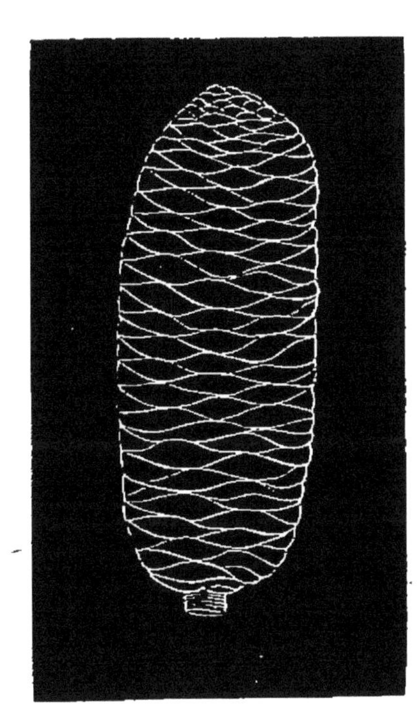

Fig. 9. Cône de Sapin Grandissime (au quart des dimensions naturelles).

La croissance du *Grandissime* paraît être beaucoup plus rapide que celle des autres sapins, et son tempérament semble rustique, à en juger par la facilité avec laquelle il a supporté jusqu'ici les froids hivers du nord de la Belgique. Il préfère un sol gras et légèrement humide ; les vallées que recouvre une riche terre d'alluvion lui sont particulièrement favorables.

Aucune tendance à cette croissance précoce si fatale à d'autres espèces n'a été observée chez le Sapin Grandissime.

## VI. — Sapin a Bractées, Abies Bracteata, Venusta. 1853.

Beaucoup de sapins, celui des Vosges compris, ont leurs cônes munis de bractées (*fig.* 7, p. 75) (1) saillantes et apparentes au dehors ; les botanistes ont même fait, à l'aide de cette particularité qui n'est pas commune à tous, une subdivision du

(1) Ce mot *bractée* exige une explication. La physiologie végétale nous apprend que les diverses parties des fleurs, depuis la sépale ou foliole du calice jusqu'à l'étamine, depuis la pétale de la corolle jusqu'au carpelle du pistil, sont toutes des feuilles de plus en plus modifiées. On appelle en général *bractées* certaines feuilles de petite dimension et déjà modifiées qui s'entremêlent aux diverses parties de la fleur. Or le cône de nos arbres verts est fleur avant d'être fruit, ses écailles représentent les *carpelles* ou enveloppes des ovules, et sont conséquemment des feuilles modifiées, durcies et lignifiées par la maturation. Les bractées dont il est ici question sont donc des feuilles florales accompagnant les écailles et insérées intérieurement, à leur base.

genre en deux groupes. Mais parmi les sapins à bractées, nul ne les a aussi saillantes et aussi visibles que celui qui en a tiré son nom spécifique, car les cônes présentent (*fig.* 10), suivant William Lobb, une apparence très-singulière qui leur donne quelque ressemblance avec un porc-épic. Le docteur Coulter les comparait à de grosses têtes de chardon à foulon : grosses en effet, car elles auraient 10 à 12 centimètres de longueur et la moitié de cette dimension en largeur.

Fig. 10. Cône de Sapin à bractées au 1/9 des dimensions naturelles.

L'*Abies Bracteata* habite les montagnes qui longent le cours du Columbian ou Orégon, le versant ouest des Cordillères et les chaînes de Sainte-Lucie en Californie. Son altitude varie de 1,000 à 1,800 et 2,000 mètres. C'est en 1853 seulement qu'il a été introduit dans nos cultures au moyen de graines envoyées en Angleterre par sir William Lobb, qui donna aussi, dans le *Botanical Magazine*, d'intéressants détails sur cet arbre remarquable. En voici quelques-uns tirés du *Traité général des Conifères*, où M. Carrière les a reproduits : « Ce magnifique Sapin forme en Californie l'un des plus beaux ornements des forêts ; sur les pentes de l'ouest et vers la mer, il occupe de profonds ravins et atteint 35 à 45 mètres de hauteur, sur 30 à 60 centimètres de diamètre (environ 1 mètre à 1 mètre 90 centimètres de circonférence) (1). Le tronc est droit comme une flèche, les branches inférieures défléchies, les supérieures courtes et confuses, ce qui donne à l'arbre une forme pyramidale et en même temps un port inconnu dans ce genre. Lorsqu'il est isolé, ses branches pendent quelquefois jusqu'à terre, et il est alors impossible d'apercevoir le tronc dans aucune partie.

« Près du sommet des chaînes centrales, vers les

(1) Un tel diamètre nous paraît faible et au-delà de toute proportion avec une hauteur de 40 mètres en moyenne. Ne se pourrait-il pas que sir William Lobb eût observé les sapins à bractées dont il parle dans des massifs, où ils auraient crû trop serrés ? Ces arbres, comme il arrive toujours en pareil cas, auraient été gênés et entravés dans leur développement latéral, et la faible grosseur qu'on aurait observée en eux serait alors purement accidentelle. — Notre sapin des Vosges et des Alpes atteint quelquefois aussi 40 mètres de hauteur ; mais alors c'est par 3 et 4 mètres, et non par moins de 2 mètres, que se mesure sa circonférence.

pics les plus élevés, dans les endroits les plus découverts et les plus froids, là où aucune autre espèce ne se rencontre, il résiste à la sévérité du climat sans en éprouver la moindre fatigue, croissant dans des débris schisteux qui paraissent incapables de soutenir aucune végétation ; enfin, dans des conditions aussi mauvaises, il devient robuste et touffu, son feuillage conserve même sa belle couleur vert foncé, et de loin on le prendrait plutôt pour un cèdre que pour un sapin. C'est donc une des plus vigoureuses espèces de la Californie, aussi convenable pour couvrir le haut des montagnes que pour ombrager les vallées. »

On comprend que nous n'ayons rien à ajouter à de pareils détails. Quant à la propagation de ce sapin, nous recommanderons, malgré son renom d'extrême rusticité, d'y apporter, soit qu'on le sème, soit qu'on le plante, tous les soins généraux que nous avons indiqués précédemment. Pour un arbre rare et d'introduction aussi récente, c'est toujours ce qu'il y a de plus sûr.

## VII. — Sapin noble, Abies Nobilis. — 1831.

Un arbre vert, remarquable encore par les bractées saillantes de ses cônes, est le *Sapin Noble*, espèce toute voisine de la précédente. Ces bractées sont brunes, scarieuses et fortement infléchies sur les écailles qu'elles recouvrent entièrement (*fig*. 11); elles

Fig. 11. Rameau et cône de Sapin Noble, au 1/9 des dimensions naturelles.

sont donc beaucoup plus larges mais moins longues que celles des cônes du *Bracteata*. Le Sapin noble, disent MM. Knight et Perry, pépiniéristes distingués des environs de Londres, est décrit comme formant dans son pays natal, un arbre majestueux avec des cônes d'un aspect tout à fait extraordinaire, car ils sont complétement recouverts par leurs bractées larges et réfléchies (1). Les mêmes auteurs rapportent cette parole écrite par Douglas au sujet de l'*Abies Nobilis* : « J'ai passé trois semaines dans une forêt composée de ce sapin, et je n'ai cessé de l'admirer chaque jour. »

Les cônes, généralement solitaires, croissent à l'extrémité supérieure des branches ; ils sont longs de 15 à 20 centimètres et larges de 6 à 8.

Le Sapin Noble est originaire des bords de l'Orégon, au voisinage des cataractes de ce fleuve, ainsi que du nord de la Californie, où il forme de vastes forêts ; il se distingue par sa végétation vigoureuse, sa tige droite et trapue, son écorce lisse, dont la nuance varie du gris jaunâtre au jaune pourpre, et, lors de la maturité, à la couleur cannelle ; ses feuilles nombreuses, légèrement contournées, cachent les rameaux qui les portent sur des branches étalées horizontalement. L'arbre, d'après les auteurs anglais (2), atteindrait 150 à 200 pieds de haut, avec un diamètre de 3 à 4 pieds. — Son tempérament paraît rustique.

(1) Knight and Perry. *Synopsis of the coniferous plants.*

(2) Gordon, *The Pinetum : being a synopsis of all the coniferous plants.* — Senilis, *Pinaceæ : being a handbook of the firs and pines.*

Bien qu'introduit en Europe depuis 1831, le Sapin Noble est encore très-peu répandu ; on ne le rencontre que dans les grandes pépinières et chez quelques rares amateurs. Il n'est donc pas encore possible de donner, en dehors des règles générales, des indications spéciales et précises sur sa culture.

VIII. Sapin de Fraser ou Baumier Double. — Abies Fraseri. — 1811.

IX. Sapin Baumier de Gilead ou Sapin Mineur. — Abies Balsamea, Abies Balsamifera, Abies Minor. — 1686.

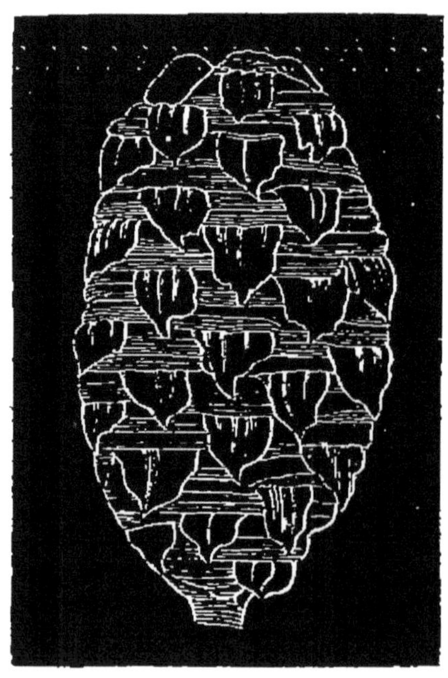

Fig. 12. Cône de Sapin Fraser (Grandeur naturelle).

Ces deux sapins, extrêmement voisins, ne diffèrent guère entre eux que par les bractées de leurs cônes, fortement *saillantes* et infléchies chez le premier (*fig.* 12), beaucoup moins apparentes et dressées chez le second (*fig.* 13), et par la dimension des strobiles; longs de 8 à 10 centimètres et déprimés au sommet dans le Baumier de Gilead (*fig.* 13), ils n'ont que moitié de cette longueur dans le Baumier Double et y affectent une forme beaucoup plus ovoïde (*fig.* 12). Le diamètre est chez l'un et chez l'autre de 2 à 3 centimètres. Ce sont des arbres de troi-

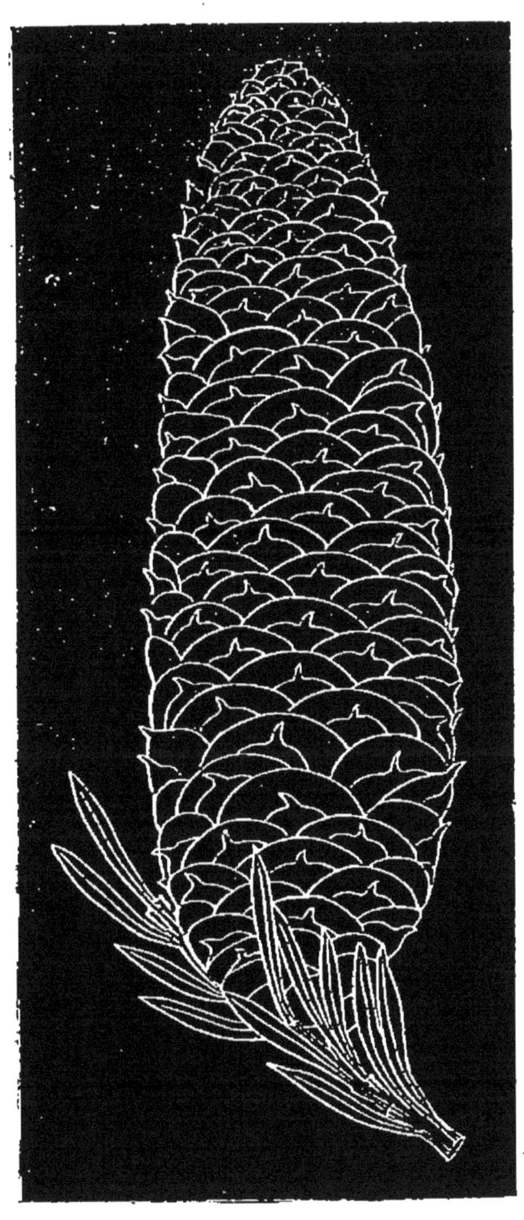

Fig. 13. Cône de Sapin Baumier sur un fragment de rameau. (Grandeur naturelle.)

sième grandeur et qui souvent ne dépassent pas la hauteur des arbrisseaux.

Tous deux sont originaires de l'Amérique septentrionale : le *Fraseri*, des hautes montagnes de la Caroline et de la Pensylvanie ; le *Balsamea*, du Canada, de la Nouvelle-Écosse et des États-Unis septentrionaux. Celui-ci, sous des dimensions beaucoup moindres, rappelle le sapin commun ; il s'en sépare cependant par ses boutons qui sont comme recouverts d'un enduit cireux et par ses rameaux dont la face supérieure est chargée de feuilles aussi bien que les côtés latéraux. Mais ces différences sont peu sensibles, et le Sapin Mineur n'en reste pas moins, surtout pendant sa jeunesse, une gracieuse miniature du géant des Vosges et du Jura.

Le Baumier *Double* ou de *Fraser* a le port du Baumier de Gilead ; seulement les feuilles sont plus courtes, un peu moins allongées par-dessous, et généralement d'un vert plus foncé ; elles accusent davantage la disposition pectinée. Comme ornement il présente les mêmes avantages que son voisin et lui serait supérieur par une plus grande rusticité ; il est du reste d'une introduction beaucoup plus récente, car elle ne date que de 1811, tandis qu'on fait remonter celle du Sapin Mineur à 1696.

Mentionnons, pour terminer, ces mauvaises qualités du bois des Sapins Baumiers qui ne sont recherchés en Amérique que pour leur résine exclusivement.

### X. Sapin Sacré ou Oyamel. — Abies Religiosa.— 1833.

### XI. Sapin a rameaux velus. — Abies Hirtella. — 1833.

Voici encore deux espèces très-rapprochées qûant aux caractères botaniques, car elles ne diffèrent que par de légers poils qui garnissent les rameaux de l'une d'elles. Au point de vue de l'aspect général, la différence est plus profonde, car l'Oyamel s'élève à 50 mètres de hauteur et étend son diamètre jusqu'à six pieds, tandis que le Sapin *à rameaux velus* n'est qu'un arbrisseau de 6 à 8 mètres.

Ces deux conifères sont originaires du Mexique; le premier habite les environs de Mazatlan et d'Orizaba et s'élève dans les montagnes jusqu'à la limite de la végétation arborescente; il se rencontre abondamment dans le *Cerro de Oyamel* qui lui a donné son nom : son altitude supra-marine varie de 1,300 à 3,000 mètres. L'autre se trouve dans les forêts montueuses des environs de Mexico, à 2,800 mètres d'élévation : sa rareté et ses faibles dimensions lui enlèvent pour nous tout intérêt. Il n'en serait pas de même du Sapin Sacré qui, introduit en Europe depuis 1833, est vraiment un arbre magnifique et dont l'aspect, majestueusement austère, répond parfaitement au nom de *Religiosa* qui lui a été donné sans doute en raison de cette circonstance que, dans son pays d'origine, on emploie ses branches à la décoration des temples. Mais, quoique rustique d'ailleurs, il aurait peine à supporter nos hivers. Est-ce une raison pour renoncer à en tenter de nouveau la culture et la naturalisation ? Nous ne le pensons pas ; car il y a des exemples de résistance de cet arbre à des froids rigoureux ; ainsi il aurait très-bien enduré, dans un lieu abrité mais élevé et d'ailleurs sans autre protection, le vigoureux hiver de 1849 au nord du Devonshire (1).

Le cône du Sapin Sacré est remarquable par sa forme parfaitement ovoïde, ses dimensions (12 à 15 centimètres de longueur, sur 6 à 7 de diamètre), la largeur de ses écailles et ses bractées retombantes.

(1) Knight and Perry *Synopis of coniferous, plants*, p. 38.

XII. SAPIN DE NORDMANN. — Abies Nordmanniana. 1848.

XIII. SAPIN GRACIEUX. — Abies Amabilis. — 1831.

Bractées saillantes et bractées incluses, tel est encore le principal caractère distinctif de ces deux sapins qui, non munis de cônes, ne sont pas aisés à reconnaître l'un de l'autre. Le premier cependant, celui dont les bractées se montrent au dehors et qui, découvert par Nordmann sur le mont Adschar, en Georgie, fut introduit en Occident vers 1848, a les feuilles plus longues, moins roides, un peu plus larges, mais moins rapprochées, d'un vert plus vif que le Sapin Gracieux. Cette amplitude des feuilles que portent des branches grêles mais nombreuses, rapprochées, horizontalement étalées et d'ailleurs presque entièrement cachées par cet opulent feuillage, donne au Sapin de Nordmann un aspect luxuriant et plantureux d'une grande beauté. Sensiblement recourbées de bas en haut par leur extrémité supérieure, ces feuilles laissent voir en partie la nuance argentée de leur face inférieure, ce qui, variant les teintes, ajoute encore au charme de ce remarquable sapin à l'écorce lisse et gris cendré.

On donne à l'arbre une stature normale de 25 à 30 mètres, mais il est rationnel de penser que, soumis à la savante culture des districts forestiers de l'ouest de l'Europe, il atteindra des dimensions plus considérables et ne le cédera pas au sapin commun qu'il surpasse déjà en beauté. On assure aussi que son bois est de bonne qualité et que, sous le rapport de la croissance et de la rusticité, il ne laisse rien à désirer. C'est donc un arbre également intéressant au point de vue ornemental et à celui de l'exploitation, et qui sous ces deux rapports mérite d'être activement propagé.

La fructification ne commence, moyennement, chez le Sapin de Nordmann, que vers l'âge de cinquante ans et se produit surtout au voisinage de la cime. Quand l'arbre est parvenu à un âge un peu plus avancé, les cônes deviennent quelquefois si nombreux qu'ils recouvrent entièrement les branches supérieures. Leur forme est largement ovoïde, les écailles sont vastes et peu nombreuses, les bractées gracieusement réclinées au dehors (*fig.* 14) : leur longueur est de 12 à 14 centimètres, et leur diamètre atteint la moitié de cette étendue.

Nous avons dit que le Sapin *Gracieux* n'était pas facile à distinguer du *Nordmann*. Il a les feuilles un peu plus courtes, plus épaisses, plus roides, plus nombreuses, plus rapprochées, moins larges, et la teinte argentée de leur face inférieure est plus accentuée. Les cônes, d'une forme un peu plus allongée, ont 10 à 12 centimètres de long et 4 à 5 de large ; ils sont dépourvus de bractées apparentes. Toutes ces différences sont peu sensibles, et l'aspect général du Sapin *Gracieux* ou *Amabilis*, hôte de l'Amérique boréale (N.-O.), est, on peut le dire, le même que celui du Sapin de Circassie, au moins pendant la première période de leur croissance : plus tard il le dépasserait en dimension, car dans son pays natal il atteindrait une hauteur de 250 pieds sur 5 mètres de circonférence (1).

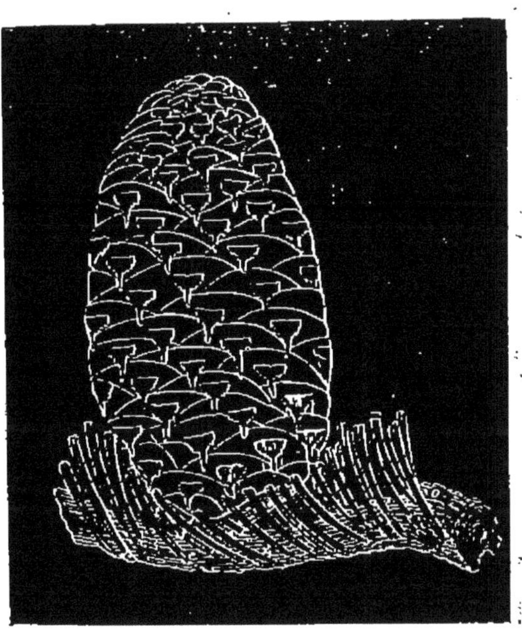

Fig. 14. Rameau et cône de Sapin de Nordmann au 1/3 des dimensions naturelles.

(1) Ch. Van Geert. *Catalogue raisonné des conifères.*

D'après la nouvelle édition du *Traité des Conifères*, de M. Carrière, l'*Abies Amabilis* serait une simple variété de l'*Abies Nobilis*. Son introduction dans nos contrées remonte à 1831, et il est cependant moins répandu que le *Nordmann* qui nous était inconnu avant 1848. Cela semblerait indiquer une culture plus avantageuse chez ce dernier.

XIV. Sapin de Chiloé ou de Pindrow. — If de Lambert, Sapin d'Herbert.

XV. Sapin Bifide. — Abies Bifida, Firma, Peucoïdes, Sagu-Moni, Fo bi sjo (1).

XVI. Sapin de Webb ou Remarquable. — Abies Webbiana vel Spectabilis. — 1822 ou 1825.

Le premier et le dernier de ces trois sapins, sont des arbres de l'Himalaya qu'ils habitent à des altitudes de 2,100 à 3,300 mètres, par 30 et 32 degrés de latitude boréale, et, circonstance singulière, celui de Chiloë accompagne toujours les vignobles.

Le Sapin Bifide, lui, est cultivé au Japon : malgré la différence des origines, nous l'avons placé entre les deux autres parce qu'il a une grande ressem-

(1) Andrew Murray : The pines and firs of Japon.

blance avec eux et paraît représenter le degré de transition de l'un à l'autre ; il tire son nom de la forme de ses feuilles légèrement fendues à leur extrémité. Nous n'en parlerons pas davantage, l'espèce n'étant pas encore, à notre connaissance, introduite dans nos climats.

Le Sapin de Chiloë et le Sapin de Webb sont deux grands arbres de 25 à 30 mètres à tige trapue et bien nourrie quoiqu'élancée, à écorce cendrée, à feuilles longues, larges, légèrement échancrées au sommet, et d'un blanc d'argent très-prononcé à la face inférieure ; elles sont plus minces et plus allongées chez le Pindrow que chez le Remarquable, qui se distingue d'ailleurs par la belle couleur purpurine de ses cônes, d'où on l'appelle quelquefois Sapin *à cônes pourpres*. (La longueur de ces strobiles est de 15 à 20 centimètres, sur 5 à 6 centimètres seulement de diamètre, et les feuilles mesurent 45 centimètres en longueur sur 3 millimètres de largeur : chez le Pindrow, cet organe passe 60 centimètres en longueur et atteint à peine 2 millimètres en largeur ; le cône, au contraire, moins allongé et plus large que dans le Webbiana, n'a que 10 à 12 centimètres suivant l'axe et 8 à 9 suivant le diamètre).

La richesse du feuillage de ces arbres rappelle celui du Sapin de Nordmann.

Leur grand défaut est d'être plus précoces encore que le sapin commun ; dès que les grands froids sont passés et que le mois de mars apporte les premières effluves du printemps, voilà nos arbres de se dépêcher d'entrer en croissance et de développer leurs bourgeons. Vienne une gelée matinale accompagnée d'un gai soleil d'avril, les rayons de l'astre radieux viendront frapper les jeunes bourgeons ouverts, et cristallisés par la gelée. On sait l'effet d'un trop brusque dégel, c'est exactement celui d'une goutte d'eau bouillante sur un verre de cristal ; les tissus des jeunes bourgeons sont rompus par cette rapide élévation de température, et des nuances délicates d'un vert tendre et soyeux, ils passent à la couleur terne et dure du roussi : ils sont brûlés.

Beaucoup d'amateurs se sont découragés pour ce fait. A notre avis c'est un tort ; car ces deux sapins sont d'ailleurs parfaitement rustiques et vigoureux et ne souffrent point, dans le cours de l'hiver, des froids les plus rudes. Il est vrai qu'ils vérifient l'adage :

Tel à de grands dangers aura pu se soustraire
Qui périt pour la moindre affaire.

La question est de savoir s'il n'y a aucun moyen de les préserver de cette *moindre affaire* qui consiste ici dans les gelées tardives du printemps. Or, qu'on le remarque bien : ce n'est pas la gelée à elle seule qui cause la ruine de plantes ayant d'ailleurs résisté aux grands froids des hivers, c'est le prompt dégel produit par le rayon du soleil levant, qui cette fois « *lucet* NEC NON *nocet.* » Si ce rayon n'arrive pas aux bourgeons gelés et que leur dégel s'opère tout doucement à l'ombre, ils ne souffriront pas.

Plaçons donc nos Sapins de Chiloë et de Webb à une exposition assez septentrionale pour que les rayons du soleil de mars et d'avril ne les atteigne qu'un peu tard, vers la fin de la matinée, et nous pourrons cultiver et voir prospérer ces deux arbres si recommandables d'ailleurs.

---

Ici se termine la monographie du genre *Sapin* proprement dit.

Nous ne quitterons pas les arbres de ce genre sans signaler une particularité très-importaute de leur mode de végétation, et sans dire un mot de leur reproduction par boutures et par greffes.

Les sapins, comme tous les autres végétaux et particulièrement les arbres, ont besoin, pour croître et se développer, d'une assez grande quantité d'air et de lumière. Chacun sait que sous l'épais ombrage et l'abri compacte, autrement dit sous le *couvert* d'un massif composé de grands arbres touffus, la végétation ligneuse ne se produit pas, ou ne se produit qu'exceptionnellement ; c'est pour cela qu'on pratique dans les futaies des coupes d'*ensemencement*, qui consistent à enlever assez d'arbres pour laisser pénétrer l'air et le soleil jusqu'au sol, et partant faire germer les graines gisantes sur lui. — Si, lorsqu'elles ont germé, on ne faisait pas disparaître graduellement l'abri qui les protége, les jeunes plantes ne tarderaient pas, *en général*, à s'étioler, à suffoquer et à périr. Il y a quelques exceptions cependant, et les sapins sont du nombre. Sous un abri trop épais et trop prolongé, le sapin ne se développera pas, c'est vrai, mais il ne souffrira pas non plus : il restera stationnaire dix, vingt, cinquante ans, à partir du moment où la dose d'air et de lumière circulant autour de lui aura cessé d'être suffisante, mais sans pour cela dépérir. Et si, au bout de dix, vingt ou cinquante ans, l'obstacle est supprimé, l'arbre qui portait ombrage abattu, notre sapin prendra aussitôt son essor, comme s'il n'eût pas eu à subir cette longue attente. Il réalisera à sa façon la poétique fiction de la *Belle au bois dormant.*

Dans la plupart des sapins, les feuilles sont pectinées, c'est-à-dire rangées symétriquement de chaque côté du rameau dont la direction naturelle est toujours plus ou moins infléchie, et les bourgeons qui la terminent sont constitués en conséquence. Il n'y a que la cime qui soit droite, avec des feuilles insérées régulièrement autour d'elle, et un bourgeon terminal organisé pour donner naissance, l'année suivante, à une nouvelle flèche également rectiligne et verticale.

Il résulte de là que si, voulant reproduire une espèce rare par voie de greffe ou de bouture, on prend cette greffe ou cette bouture à l'extrémité d'une branche ou d'un rameau, on n'obtiendra jamais un sujet bien conformé et à cime droite et verticale. Le rameau se développe selon sa constitution de rameau qui est organisée pour produire des rameaux et non pas une cime. Il est donc important, pour faire des boutures ou des greffes de sapin, de prendre l'extrémité des flèches ; de nouvelles flèches ou cimes se referont l'année suivante sur l'*arbre-mère* qui aura fourni la greffe, et pourront servir à de nouvelles multiplications (1).

## DEUXIÈME GENRE. — TSUGA.

Les *Tsugas* sont tellement voisins des sapins que beaucoup les confondent avec eux pour en faire une section ou sous-division du genre, sans d'ailleurs en faire un genre à part. Mais il est arrivé que d'autres, au lieu de les ranger parmi les sapins, en avaient fait des épicéas ; et il est juste de reconnaître que ceux-ci avaient raison autant que les premiers. C'est donc que ces arbres ont des caractères des uns et des caractères des autres, et dès lors il a paru plus rationnel d'en faire un genre intermédiaire.

(1) Cependant M. le vicomte de Courval, cet éminent sylviculteur, est parvenu à obtenir des flèches parfaitement droites avec des greffes prises sur des pousses latérales, en prenant quelques années à l'avance la précaution de redresser artificiellement le verticille tout entier; la sève, également contrariée dans tous les rameaux composant ce verticille, prend peu à peu la direction verticale, dans l'impossibilité où elle est de se rejeter de côté par une dérivation quelconque, et transforme ainsi chacune des branches horizontales en une tige verticale propre à donner au sujet greffé la forme et la direction naturelles et désirables.

M. le vicomte de Courval, pour remplacer une flèche mal développée ou rompue par une circonstance quelconque, emploie avec succès, depuis nombre d'années, même sur les plus jeunes sujets de semis, le pincement de toutes les branches du verticille moins une, qui ne tarde pas à devenir une flèche de remplacement dans les meilleures conditions.

Les Tsugas, en effet, marquent la transition entre les sapins et les épicéas. Avec ces derniers ils affectent ce commun caractère d'avoir leurs cônes, non pas érigés le long des rameaux, avec les écailles caduques, mais caducs eux-mêmes avec les écailles persistantes et pendants ou terminaux, tandis qu'ils se rapprochent des sapins par leurs feuilles aplaties, argentées, à la face inférieure et rangées symétriquement des deux côtés du rameau.

Il suit de là que, pendant la période de jeunesse qui précède la floraison et la fructification, les Tsugas sont assez difficiles à distinguer des sapins, et qu'il faut un œil exercé pour les reconnaître aisément. Cependant les deux rangs d'insertion des feuilles sont moins réguliers chez les Tsugas que chez les sapins; la ramification en est généralement plus grêle, le feuillage moins abondant et le couvert moins épais.

L'action de la séve sur l'accroissement en longueur des Tsugas se manifeste de la même manière que dans les sapins.

I. Tsuga du Canada. — T. Canadensis, Hemlock Spruce, Sapin du Canada. — 1736.

A ses branches moins régulièrement distribuées,

à ses rameaux plus minces, à sa cime doucement inclinée, à ses feuilles moins nombreuses, plus courtes, d'un vert plus clair, l'*Hemlock* ou *Tsuga du Canada*, introduit en Europe par Pierre Collinson, en 1736, se distingue aisément des sapins et même de plusieurs autres Tsugas. Il affecte, surtout dans sa jeunesse, une forme légère, remplie de grâce, et incline ses rameaux en courbes incertaines dont l'aspect porte à la rêverie.

Les plus grands froids ne l'éprouvent point, car il est indigène des contrées les plus glaciales de l'Amérique boréale, et croît avec vigueur aux abords de la baie d'Hudson, sur les sommets des montagnes Rocheuses, dans le Nouveau-Brunswick, la Nouvelle-Écosse, etc. Il y forme de vastes forêts soit seul, soit en mélange avec un épicéa que nous étudierons plus loin sous le nom de *Sapinette-Noire.*

L'Hemlock Spruce, qui préfère une terre sableuse, légère, mais fraîche et profonde, n'est cependant pas difficile sur la qualité du sol, et s'accommode aisément de tout terrain convenant médiocrement aux autres conifères. Sa seule exigence, mais elle est absolue, c'est l'abri contre les grands vents : il veut donc croître en mélange avec d'autres arbres qui lui amortissent le choc des tempêtes, et, dans ces conditions il atteindra, quoique avec une croissance un peu lente, 25 ou 30 mètres de hauteur. Le mélèze surtout paraît lui être un compagnon sympathique et favorable, ce qui s'explique, puisque tous deux sont hôtes des climats neigeux et glacés. Mais si notre Tsuga du Canada est planté seul en terrain découvert et battu par le vent, il n'aura plus que la végétation chétive d'un faible et humble buisson ; il vieillira, se chargera de cônes, mais sans former autre chose qu'une pyramide de 60 à 80 centimètres de hauteur. L'Hemlock Spruce est recherché en Amérique pour son bois qui, sans être de première qualité, est employé à la menuiserie, à la charpente et même à la marine. Son écorce est, après le chêne, une des plus riches en tannin, et donne aux cuirs

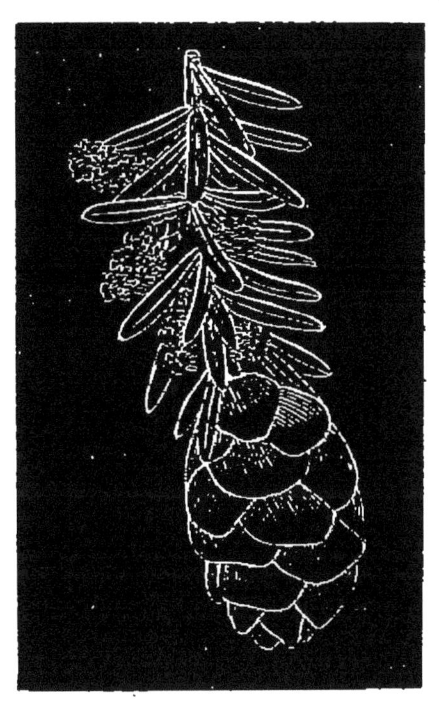

Fig. 15. Cône de Tsuga du Canada, à l'extrémité d'un rameau chargé de fleurs mâles (Grandeur naturelle).

une teinte rougeâtre analogue à celle du cuir de Russie.

La floraison du Tsuga du Canada a lieu en mars et avril et produit des cônes d'une couleur brun pâle de forme allongée, pendants et très-petits (18 à 25 millimètres de la base au sommet, et 12 à 15 dans la plus grande largeur) (*fig.* 15).

II. Tsuga de Douglas. — T. Douglasii, Pseudo Tsuga. Sapin de Douglas, Sapin ou Tsuga Mucroné. — 1842.

C'est seulement en 1842 que le Tsuga de Douglas a été introduit parmi nous. Habitant les montagnes de la Californie, les abords de l'Orégon, par 43 et 52 degrés de latitude boréale, et certaines parties du Mexique, cet arbre parvient aux plus belles dimensions, 40 à 60 mètres en hauteur et 6 à 12 mètres en circonférence.

Le Tsuga de Douglas ressemble un peu, comme port et aspect, au sapin pectiné ; ses feuilles ont même disposition, même couleur quoique avec une nuance plus pâle, même longueur avec la pointe bien aiguë (*fig.* 16) ; sa cime se tient droite, ses verticilles sont réguliers et ses branches ne décrivent pas les courbes incertaines de l'Hemlock

Spruce. La croissance est des plus rapides; il n'est pas rare de rencontrer de jeunes sujets à qui la sève fournit pour une seule année des pousses de $0^{m}$, $60^{c}$, $0.80^{c}$ et quelquefois 1 mètre

Fig. 16. Fragment d'un rameau de Tsuga. (Grandeur naturelle).

et plus. Au lieu de former comme le sapin commun une masse de verdure sombre, serrée et compacte, notre Tsuga se dresse en une pyramide svelte, élevée, légère, d'un vert tendre et blanchâtre, remarquable de grâce et de hardiesse de formes. L'écorce, cendrée ou bleuâtre, s'épaissit avec l'âge et parvient quelquefois à une épaisseur de 30 centimètres ; dans les jeunes arbres, elle offre sur toute sa surface un grand nombre de vésicules remplies d'une résine limpide et odorante. Les cônes sont oblongs, pendants, solitaires et terminaux à l'extrémité des branches supérieures ; leur couleur est brune et leurs dimensions varient de 5 à 10 centimètres suivant l'axe, et de 2 à 4 suivant le plus grand diamètre.

Après quelques échecs dans la culture des premiers Tsugas de Douglas on est arrivé à reconnaître que, moyennant un sol de quelque profondeur et de qualité ordinaire, c'est un arbre très-rustique qui ne réclame aucun abri et ne craint rien, ni du froid, ni du vent. Son bois, fort estimé, fournit en grande quantité des mâts à la marine de tous les pays, et son écorce, dont nous avons signalé l'épaisseur excessive, est riche en tannin et rend les cuirs blancs.

Pour l'ornement comme pour l'exploitation, pour le reboisement des montagnes comme pour l'embellissement des parcs ou la mise en rapport des terres improductives, le Tsuga de Douglas est une essence précieuse. Plusieurs hectares des landes de la Sologne repeuplés par des plantations de cet arbre, grâce à l'initiative et aux soins de M. le marquis de Vibraye, sont aujourd'hui en pleine croissance et dans les conditions les plus satisfaisantes.

## Variété du Tsuga de Douglas.

On signale une variété à branches pendantes, mais qui n'a que le port d'un grand arbrisseau, 10 mètres environ, et se plaît dans les marais, c'est la variété *Mucronata Palustris*.

### III. Tsuga de Vancouver.

### IV. Tsuga de Siebold.

### V. Tsuga de Brown ou Brunoniana.

Le *Tsuga de Vancouver* est encore très-peu connu ; il est fort possible qu'il ne soit qu'une variété du Tsuga de Douglas avec lequel il offre beaucoup de ressemblance, si ce n'est que ses feuilles sont d'un vert plus foncé et ses fleurs au contraire d'une teinte plus pâle.

Le *Tsuga de Siebold* est un arbre du Japon assez analogue à l'Hemlock Spruce, mais de dimensions beaucoup moindres et à feuilles plus blanches et plus arrondies au sommet ; il se tient souvent entre

6 et 8, et ne dépasse pas 10 mètres. Le *Fime Tsuga*, sa variété à feuilles raccourcies, n'est qu'un arbrisseau de 1 mètre.

Le *Tsuga Brunoniana* ou de *Brown* est un habitant du Boutan et du Népaul, où il parvient à une hauteur de 25 mètres avec une cime étalée et rameuse. Mais, dans nos cultures, il ne forme qu'un buisson sans intérêt, d'où on lui a donné le surnom de *Dumosa*. Ses feuilles sont obtuses, d'un vert clair et brillant à la face supérieure, et glauques farineuses en dessous. Les cônes sont solitaires et pendants à l'extrémité des rameaux.

## Les Sapins de Lewis et Clarke.

Les descriptions non scientifiques que les voyageurs Lewis et Clarke avaient données de six conifères découverts par eux de 1804 à 1806, dans leurs explorations aux sources du Missouri et à travers le continent américain, n'avaient pas permis de les classer rigoureusement tout d'abord. Depuis, on a cru reconnaître dans l'un d'eux (le n° 3, appelé *Aromatica* par Rafinesque) le *Cyprès de Nutka* (Thuyopsis Boreulis de M. Carrière) ; dans un autre (le n° 4, *Microphylla* de Raf.) le *Thuya gigantesque* ; dans un troisième (le *Mucronata* de Raf. ou n° 5) le *Tsuga de Douglas*, et enfin dans le n° 6 (le *Falcata* de Raf.), le *Sapin Grandissime* (Abies Grandis). Les deux qui restent semblent se rattacher à la section *Abies*, et se rapprocher des Tsugas. Nous allons résumer les données que l'on possède sur eux.

SAPIN ou TSUGA TRIGONE. — Sapin ou Tsuga de Willamson, de Patton, de Hooker ; Gracilis, de Californie. — Hemlock-Spruce de Mertens.

Le *Tsuga Trigone*, plus connu sous le nom de *Sapin de Willamson*, est un arbre de dimensions prodigieuses s'élevant jusqu'à 100 mètres de hauteur et 14 mètres de tour, qui se rencontrerait dans les montagnes de la Colombie anglaise, au Mexique et en Californie. Ses feuilles auraient 20 à 25 millimètres de longueur, sur 2 et 3 de largeur ; elles seraient donc un peu plus longues et de même largeur que celles de notre sapin commun. Elles sont opposées, triangulaires, fermes, roides, acuminées, un peu pendantes. Les cônes sont cylindriques dans le milieu de leur longueur et rappellent en même temps la forme oblongue par leurs deux bouts qui s'amincissent en pointe ;

ils ont 5 à 7 centimètres de long et 2 à 3 de large, et pendent, dit Gordon, par groupes pressés à l'extrémité des hautes branches; lisses à l'extérieur, ils affectent une couleur d'un brun clair. Les branches et les jeunes rejets sont revêtus d'une sorte de duvet laineux, brun et serré. L'écorce se détache du tronc en flocons rougeâtres, ronds et peu réguliers. Le bois serait d'excellente qualité, d'un grain rouge, fin, serré et très-propre à la fente.

Par son port et son aspect, ce Tsuga offrirait une certaine ressemblance avec le cèdre Déodora qu'il surpasserait même en beauté, en raison de ses branches plus nombreuses et de son feuillage plus abondant et plus compact. Il serait en outre d'une rusticité à toute épreuve.

Après Lewis et Clarke, Jeffrey l'a de nouveau découvert dans la chaîne des monts Balker, au nord de la Californie; il en parle comme d'un arbre superbe, dominant de haut les autres arbres de la forêt, mais diminuant graduellement dans ses dimensions, à mesure qu'il est situé dans des régions plus élevées, jusqu'à se réduire à la taille d'un arbuste, quand il parvient à 2,000 mètres d'altitude.

On commence à rencontrer cet arbre à l'état de jeune plant dans les pépinières importantes.

### Sapin ou Tsuga Hétérophylle. — Hemlock Spruce à feuilles d'if, Tsuga de Mertens.

Ce Tsuga paraît présenter une grande analogie avec l'Hemlock Spruce, dont il pourrait bien n'être qu'une variété, mais une variété géante, car il s'élèverait de 100 à 150 pieds et plus, et prendrait une circonférence de 4 à 6 mètres. Il est, disent Lewis et Clarke, beaucoup plus commun que le précédent. L'écorce est plus chagrinée, de couleur foncée, le tronc est simple, les branches étalées, mais peu fournies, bien qu'elles portent des bourgeons adventifs. La tige se termine par une cime svelte et élancée comme celle des cèdres. Les feuilles sont courtes et aciculaires, vertes, brillantes, marquées d'un petit sillon à la face supérieure, glauques en dessous et de longueurs très-inégales. Le bois est blanc et mou, mais difficile à fendre, peu résineux. Les cônes sont d'un très-petit volume, comme ceux du Spruce, et pendants au bout des rameaux.

Dans la haute Californie, et dans les contrées

que baigne l'Orégon, cet arbre entre pour moitié dans le peuplement des forêts.

## TROISIÈME GENRE. — ÉPICÉA.

Le genre *Epicéa* (en latin *Picea*), diffère du genre *sapin* par ses feuilles et ses cônes. — Les feuilles sont plus aciculaires, elles paraissent cylindriques, à première vue, bien qu'un examen plus attentif, surtout à la loupe, fasse reconnaître qu'elles approcheraient plutôt de la forme tétragonale ou de prismes à quatre pans. Elles sont pointues, roides, piquantes et régulièrement éparses tout autour des rameaux qu'elles recouvrent entièrement. Leur couleur est d'un vert uniforme, plus vif mais moins luisant que celui de la face supérieure des feuilles du sapin. Les cônes sont pendants (*fig.* 17); à la maturité, leurs écailles ne tombent

Fig. 17. Cône d'Épicéa commun (au quart des dimensions naturelles).

point, elles s'entr'ouvrent seulement pour livrer passage à la graine. Plus tard, sous l'effort des vents et des intempéries, le cône se détache et tombe tout d'une pièce. Les bractées sont généralement incluses et non apparentes, par conséquent, à l'extérieur.

Comme le sapin et le tsuga, l'Épicéa n'a qu'une séve ; mais cette séve ne se met en mouvement que quinze jours ou trois semaines après celle du sapin.

### 1. Épicéa Commun. — Picea Excelsa.

Abies Excelsa, Abies Picea, Pinus Abies, Picea Vulgaris, Pesse, Fie, Fue, Sapin Rouge, Sapin Cendré, Sapin Gentil, Sapin de Norvége.

A voir de loin un groupe de sapins communs et d'épicéas, il ne serait pas aisé de les distinguer, surtout s'ils croissaient assez distants les uns des autres pour étaler leurs branches jusqu'au bas de leur tige et former régulièrement leur verte pyramide. La description que nous avons, au point de vue de l'ensemble, donnée du sapin, serait, dans ce cas, parfaitement applicable à l'épicéa. Cependant ce dernier étale et incline même plus volontiers encore ses branches vers le sol, car les feuilles plus abondantes et persistant pendant cinq à sept années, leur pèsent davantage. Elles croissent d'ailleurs elles-mêmes en plus grand nombre; car, en outre des bourgeons terminaux successifs qui produisent la ramification principale, il s'en forme un grand nombre d'autres, épars à l'aisselle des feuilles, sur la pousse de l'année précédente : cette disposition existe aussi sur le sapin, mais à un moindre degré. Il en résulte sur l'épicéa un système de branches plus épais, plus compacte, en même temps qu'une distinction moins bien accusée des accroissements annuels. Cette grande propension à produire des rameaux de bourgeons adventifs et *axillaires* (*axilla,* aisselle), permet de soumettre l'Épicéa à la taille; on arrive ainsi à en faire des haies, des palissades, des brise-vents, d'une impénétrabilité à toute épreuve.

L'Épicéa est principalement un arbre de montagnes et forme, tantôt seul, tantôt en mélange avec le sapin et le hêtre, de vastes forêts dans les Carpathes, le Tyrol, les États scandinaves et, en France, dans les Alpes, le Jura et les Vosges. Son altitude varie, suivant les latitudes, de 800 à 2,000 mètres et plus au-dessus du niveau de la mer. En forêt, ou mieux, partout où il croît en massif, il perd à la longue ses branches inférieures ; le bas de sa tige, ainsi dénudé, se distingue aisément de la tige du sapin ; car il présente, au lieu du gris cendré, argenté parfois, de ce dernier, une teinte d'un roux fauve qui se constate au premier coup d'œil. Il ne s'élève pas à une moindre hauteur que le sapin ; on en rencontre quelquefois des individus qui dressent leur cime à près de 50 mètres au-dessus du sol, et une circonférence de 4 mètres et plus à hauteur d'homme n'est pas d'une extrême rareté dans les arbres de ce genre. La tige décroît plus rapidement en grosseur dans les parties supérieures que celle du sapin. Aussi, le bois de ce dernier est-il employé de préférence à la charpente, tandis que celui de l'épicéa, d'ailleurs un peu moins tenace, est plutôt recherché des menuisiers ; à cela près, l'un et l'autre s'emploient de la même manière, et le chauffage de l'Épicéa est préférable. Le bois de ce dernier est employé par les luthiers, pour la fabrication des tables de divers instruments de musique. Il contient quelques canaux résinifères qui manquent complétement dans le sapin et qui lui donnent une légère odeur balsamique. Aussi, n'est-ce pas dans des vessies superficielles, placées sous l'épiderme de l'arbre, que réside la résine de l'Épicéa, mais bien dans le bois nouvellement formé ou *aubier*, d'où elle suinte à travers les pores de l'écorce, et, recueillie, a cours dans le commerce sous le nom de *poix jaune* ou *poix de Bourgogne.*

L'Épicéa s'avance très au loin dans les régions septentrionales et atteint même les bords du cercle polaire ; il est vrai qu'il n'y acquiert plus les belles dimensions que nous avons signalées, et s'y réduit, comme tous les êtres vivants, à des proportions bien restreintes ; mais là encore il rend des services à l'homme, et le Lapon habitant de ces régions glacées, trouve dans son écorce une nourriture agreste, dans ses racines la matière de quelques-uns des produits de sa chétive industrie. — Mieux que celle du sapin, l'écorce de l'Épicéa, peut, à défaut de chêne, servir à la tannerie.

Si les expositions du nord et du nord-est sont celles que notre arbre préfère, il supporte mieux que le sapin l'aspect d'un soleil aux rayons plus actifs et plus chauds. Moins précoce, il n'épanouit ses bourgeons qu'à l'époque où toutes gelées printanières sont passées et reçoit sans en souffrir les matinales caresses de l'astre radieux. Il se plaît dans tous les terrains et n'a pas besoin de profondeur pour développer des racines qui courent à la surface du sol et ne s'enfoncent point ; quelque mince que soit, sur le roc, le silex ou la craie, la couche de terre végétale, il y germera et, moyennant un abri léger, s'en emparera petit à petit, développant peu sa tige d'abord, mais étendant sa ramification souterraine. Puis après six, huit, dix ans, quinze ans quelquefois de cette apparente inertie, il s'élancera tout à coup, faisant succéder à des pousses presque imperceptibles, des jets de 60 à 80 centimètres par an. Les terrains humides, marécageux, tourbeux même, ne lui seront point défavorables, au moins quant à sa croissance ; et si la qualité du bois en souffre, la rapidité de sa formation compensera ce défaut.

L'Épicéa ne fournit guère de cônes fertiles avant l'âge de cinquante ans. Son exploitabilité est à peu près la même que celle du sapin ; cependant, l'Épicéa croissant dans des conditions de terrain et de climat beaucoup plus variées, son âge d'exploitabilité luimême subit aussi des variations plus grandes. Dans un fond humide ou même simplement dans une vallée d'un sol gras et fertile, il sera bon, pour éviter la carie intérieure de l'arbre, de ne pas dépasser l'âge de quatre-vingt-dix ans, tandis que sur le sol maigre et rocailleux de hautes et froides montagnes, il y aura profit, sous le rapport de la quantité et de la qualité du bois, à reculer cette limite jusqu'à près d'un siècle et demi.

Le jeune plant d'Épicéa, plus vigoureux et plus robuste que celui du sapin, n'a pas besoin comme lui d'un abri aussi épais, contre les ardeurs du jour. Cependant, la première des coupes de régénération dans un massif d'Épicéas doit être une coupe *sombre*, car l'enracinement sans profondeur de cet arbre ne lui donne pas une assiette solide, et lorsque, après avoir crû en massif serré, il vient à se trouver tout à coup privé du support mutuel de ses pareils, il devient le jouet des moindres coups de vent. On devra donc ne procéder qu'avec précaution, j'allais dire avec parcimonie, à la coupe d'ensemencement; pour peu que le lieu du massif soit exposé aux accidents atmosphériques, il sera prudent de ne pas faire de coupe secondaire et de procéder à la coupe définitive sans transition, lorsque le nouveau peuplement, devenu complet, aura atteint une hauteur moyenne de 30 à 40 centimètres. Dans une situation abritée contre les grands vents et les bourrasques, on procédera à la coupe secondaire, lorsque la jeunesse aura atteint 15 à 20 centimètres de hauteur.

Sur les pentes très-abruptes, la méthode jardinatoire pourra être préférée à la méthode naturelle pour les futaies d'Épicéas. Il y a même des forestiers qui proscrivent d'une manière absolue le système du réensemencement naturel et des éclaircies pour cette essence, et veulent qu'on l'exploite par des coupes en bandes longues et minces, rasées à blanc étoc et dessouchées, que réensemenceront les graines des arbres voisins; ceux-ci ne seront abattus à leur tour que lorsque le repeuplement de la bande précédemment exploitée sera assuré. Ce procédé peut se combiner avec la méthode naturelle, car il n'implique point l'abandon des nettoiements et des éclaircies qui, d'ailleurs, et en tout état de cause, doivent être faits avec une circonspection analogue à celle recommandée pour la coupe d'ensemencement.

Lorsque le sol et le climat permettent le mélange de l'Épicéa avec le sapin, les conditions de végétation sont meilleures pour l'un et l'autre. Au sapin l'Épicéa fournit l'abri contre les gelées printanières; à l'Épicéa le sapin prête l'appui de l'assiette solide que lui donne un pivot fortement enraciné dans les profondeurs de la terre ou entre les roches du sous-sol. Dans des massifs composés de ces deux essences il faudra veiller à maintenir ce mélange et ne pas permettre à l'Épicéa, plus envahissant, de supplanter son voisin. Pour cela on se guidera, pour la régénération, sur la fructification de l'espèce la plus délicate.

Dans les repeuplements artificiels l'Épicéa réussit généralement mieux par la plantation que par le semis. Cela tient sans doute à ce que le germe, à sa sortie de terre, est tellement faible et ténu, que le moindre brin d'herbe suffit à l'étouffer ; tandis que, convenablement préparé par la culture en pépinière, le jeune plant est déjà robuste et dans des conditions à triompher de bien des obstacles. Toutefois il est des circonstances où le semis peut être préféré ; des différents moyens indiqués pour procéder à cette opération, le meilleur serait celui que nous avons donné pour le Sapin. Si l'on procédait à un semis après labour plein, une précaution excellente serait de l'accompagner d'une demi-semaille d'orge ou d'avoine dont le léger abri serait précieux pendant l'été de la germination, en même temps que la présence de ces céréales préviendrait le développement des graminées nuisibles. La quantité de graine à employer serait de 10 à 15 kilogrammes à l'hectare, plutôt plus que moins.

### Variétés de l'Épicéa commun.

L'Épicéa commun compte des variétés assez nombreuses mais sans grand intérêt. Nous signalerons cependant les variétés naines dont plusieurs, atteignant à peine un mètre de hauteur, sont de vraies miniatures dont il peut être tiré un très-heureux parti au milieu des plantes herbacées et des fleurs. On les désigne sous les noms suivants :

Variétés *Mucronée*, *Monstrueuse* ou *de Cranston Naine*, *Conique Buissonneuse* (Dumosa), *de lord Clambrasil*.

Nous mentionnerons aussi, mais non plus comme arbre nain, la variété *Pyramidée* (*varietas Pyramidata*) qui, par son port, ses branches dressées et pressées contre la tige, rappelle le peuplier d'Italie et pourrait, comme lui, servir à former des allées.

La variété *A rameaux pendants* (varietas Pendula) se fait remarquer par ses « branches très-étalées réfléchies au sommet, ses rameaux et ramules grêles, réclinés et pendants. » (Carr.)

## II. Sapinette Blanche. — Picea Alba. — 1700.

Epinette Blanche, Abies Alba, Pesse Blanche, Glauque, Large, Tétragone.

Les Sapinettes sont des épicéas de dimensions inférieures à celle de l'épicéa commun et qui s'en distinguent au reflet différent de leur feuillage, à leur fructification beaucoup plus précoce, comme à la ténuité et à l'abondance de leurs cônes.

La *Sapinette Blanche* a des feuilles d'un vert beaucoup plus clair que les autres épicéas ; l'écorce elle-même est aussi d'une couleur moins foncée. Cette pâleur relative a valu à l'arbre qui nous occupe en ce moment sa dénomination qualificative. Les chatons mâles sont pendants à l'extrémité de pétioles allongés et d'un jaune-brunâtre, les cônes sont ovoïdes ; leur diamètre est de 1 à 1 1/2 centimètre et leur longueur ne dépasse pas 60 à 80 millimètres au plus (*fig.* 18). Dès l'âge de huit ou dix ans, surtout si par transplantation ou autrement l'arbre a éprouvé quelque fatigue, il se charge de cônes d'une couleur brun clair et qui, rendus gracieux par leur petitesse même, contribuent à l'agrément de son aspect.

Fig. 18. Rameau et cône de Sapinette blanche, au quart des dimensions naturelles.

La Sapinette Blanche, originaire du Canada, de

New-Brunswick, du Maine et de la Caroline, se rencontre jusque dans le voisinage de la mer Arctique. Mais dans cette région glacée elle ne dépasse pas vingt pieds de hauteur, tandis que, dans des climats plus doux et dans de bonnes conditions de végétation, elle se tient communément entre 15 et 20 mètres.

## Variété de la Sapinette blanche.

Une variété de la Sapinette Blanche, la Sapinette Bleue, *Picea Cœrulea*, se distingue de son espèce par un reflet bleu très-caractérisé et qui résulte de deux raies de cette couleur dont chaque feuille est semée dans le sens longitudinal, ainsi que du ton également azuré de l'écorce. Ces nuances bleu et vert pâle sont souvent d'un grand effet, comme variété de teintes, dans l'ornementation ; opposées au vert sombre du sapin ou de l'épicéa commun, elles donnent à l'œil, sous le chatoiement du soleil matinal ou sous les chauds reflets qui précèdent le crépuscule du soir, un délicieux repos.

Du reste les Sapinettes Bleue et Blanche sont avant tout des arbres d'ornement ; au point de vue de l'utilité, l'épicéa commun, qui acquiert des dimensions considérables, méritera toujours la préférence, d'autant plus qu'il a le tempérament plus robuste que notre Sapinette, souvent sujette à des malaises et à des arrêts de végétation que l'épicéa en général ne soupçonne point.

### III. Sapinette Noire. — Picea Nigra. — 1700.

Épinette Noire, Sapin Noir, Pesse Mariane, Sapin du Maryland, Épicéa Denticulé.

Une écorce unie et d'un gris foncé, des feuilles très-courtes, comprimées, fréquemment recourbées vers le rameau, et revêtues, dans les parties comprimées ou concaves, d'une teinte glauque et bleuâtre, font aisément distinguer la Sapinette Noire. Il résulte de cette disposition un reflet bleu foncé, assez distinct du bleu de la Sapinette azurée pour n'être pas confondu avec lui. Les chatons mâles sont cylindriques, dressés et portés sur des pédoncules ; les cônes au contraire sont sessiles, c'est-à-dire sans pédoncules entre leur base et le rameau qui la porte ; ils se montrent en mars, érigés d'abord, et se développent dans cette position jusqu'à la fin d'avril. Leur couleur est alors d'un beau violet pourpre. Au fur et à mesure qu'ils approchent de la maturité ils s'inclinent et passent peu à peu à la couleur verte, sauf une tache brunâtre à la base des écailles. Mûrs, ils sont tout à fait pendants et les parties vertes sont devenues rousses. D'un diamètre à peu près pareil à celui des cônes de la Sapinette blanche ($0^m01$ à $0^m01$ 1/2) ils sont beaucoup plus courts ; 20 à 30 millimètres de longueur, c'est tout ce qu'ils atteignent (*fig.* 19).

La Sapinette Noire qui est originaire des mêmes contrées que la Sapinette Blanche, où elle parvient d'ailleurs à des dimensions un peu plus grandes, offre un bois fort en même temps que souple et léger que les Américains du Nord préfèrent, pour les constructions navales, à celui des autres épicéas. Les jeunes pousses sont employées, au Canada, à la fabrication d'une bière dite *bière de sapin* (spruce beer).

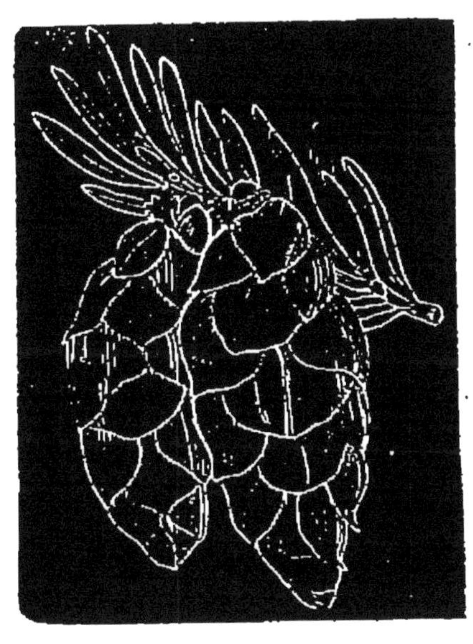

Fig. 19. Rameau et cône de Sapinette noire. (Grandeur naturelle.)

Dans nos contrées, où il a été introduit avec le *Picea*

*Alba*, en 1700, le *Picea Nigra* ne dépasse pas la hauteur d'un grand arbrisseau, et, comme le précédent, n'a d'intérêt que pour l'ornementation. Lorsque les branches inférieures, par suite de leur inflexion, viennent à appuyer leur extrémité sur le sol, elles y prennent facilement racine pour peu qu'elles y trouvent un peu d'humidité. Cette propriété pourrait être utilisée ; dirigée avec goût et avec intelligence, elle pourrait produire au milieu d'une pelouse d'assez curieux effets.

La Sapinette Noire est, dans nos cultures, fort délicate ; il lui faut un sol constamment frais et divisé, humide même, avec des abris suffisants soit contre les vents froids, soit contre les coups de soleil. L'araignée rouge l'attaque, dit-on, quand cet arbre ne trouve pas dans le sol une humidité suffisante.

## Variétés de la Sapinette Noire.

Parmi plusieurs variétés de la Sapinette Noire nous citerons la *Sapinette Noire Glauque* qui a le mérite d'être beaucoup moins délicate que l'espèce dont elle se distingue par des feuilles plus épaisses moins effilées, d'un vert plus clair et surtout par une végétation plus vigoureuse. Les savants ne sont pas fixés, du reste, sur la question de savoir si cette Sapinette est une variété du *Picea Nigra* ou du *Picea Alba.*

Citons encore la *Sapinette Noire Naine* (*Abies Mariana pumila, Picea Nigra Fastigiata*, etc.), moins arbre que buisson, mais qui a son mérite particulier et par la ténuité de ses feuilles, de ses branches et de ses rameaux, et par leur disposition élancée et régulière, par le riche ton glauque de ses feuilles, enfin par sa rusticité relative.

### IV. Épicéa d'Orient. — Picea Orientalis.

Après les sapinettes, se présente naturellement l'*Épicéa d'Orient* qui n'est pas sans affinité avec elles. Les feuilles, de moitié plus courtes que celles de l'épicéa commun, sont fines, raides et serrées, avec un reflet bleu d'acier qui rappelle celui des *Picea nigra* et *cœrulea*. Les cônes déjà plus grands, puisqu'ils parviennent à une longueur de 6 à 8 centimètres et à un diamètre de 15 à 25 millimètres, sont cependant inférieurs à ceux de l'épicéa commun. Leur forme est celle d'un oïde, très-allongé de la pointe : ils sont recouverts d'écailles de couleur brune, arrondies à leur extrémité supérieure, minces et beaucoup moins coriaces que dans ses divers congénères.

Les dimensions de l'Épicéa d'Orient sont à peu près les mêmes que celles de la sapinette rouge; il parvient à une hauteur de 70 à 80 pieds avec une circonférence de 1 mètre 1/2 à hauteur d'homme; mais sa croissance est lente : c'est un arbre originaire du bassin de la mer Noire; on le rencontre au sommet des montagnes de l'Iméréthie, sur les flancs de celles du Caucase et de la Tauride, dans la Mingrélie supérieure, principalement autour des églises, enfin aux environs de Trébizonde et de Tiflis.

L'Épicéa d'Orient supporte bravement les grands froids, mais il est un peu plus exigeant quant aux autres conditions de croissance, bien qu'il paraisse l'être moins que les sapinettes. Sous ce rapport encore, il serait intermédiaire entre elles et le *Picea Excelsa.*

### V. Épicéa Morinda. — Picea Morinda. — 1818.

Picea Khutrow, Polita, Smithiana, Spinulosa, Pendula; — Sapin de l'Hymalaya, de Thumberg, Epicéa Pleureur.

Voici peut-être le plus beau de tous les Épicéas.

Ses feuilles très-allongées qui atteignent jusqu'à 4 et 5 centimètres de longueur, ses branches arquées et ses rameaux retombants lui composent un aspect très-différent de celui de ses congénères, mais d'une nature harmonieuse et mélancolique du plus grand charme. La magnificence s'allie chez lui à la grâce : à l'exposition du nord, qui est sa préférée, et dans des conditions de végétation d'ailleurs favorables, il parvient souvent à 100 et 150 pieds de hauteur. Le capitaine Hodgson mesura en 1830 un arbre abattu de cette essence et lui trouva une longueur de 169 pieds. Le major Madden, dans ses observations sur les conifères de l'Inde, a trouvé des Épicéas Morindas donnant, à 5 pieds au-dessus du sol, les circonférences suivantes : un Picea Smithiana, près de Simla, 15 pieds de circonférence ; un autre près de Nagkunde, 17 pieds 3/4, et enfin un troisième sur le versant N. E. des montagnes de Choor, 20 pieds de tour (1).

Les cônes, pendants comme dans tous les Épicéas, ont à peu près la même longueur que ceux du *picea excelsa*, 10 à 12 centimètres ; ils ont également une largeur analogue (30 à 40 millimètres),

1. Gordon. *Pinetum.*

en ne tenant pas compte, toutefois, d'une sorte de renflement qui souvent, dans les cônes de Morinda, se produit un peu au-dessous du milieu du strobile.

Le nom de *Morinda* signifie, dans la langue des montagnards du Boutan et du Gourwhal, *Goutte de Nectar* ou *larme de Miel ;* il a été donné à ce conifère à cause des gouttes ou larmes de résine ressemblant à du miel qui, de toutes parts, suintent de ses cônes et de son écorce. On l'appelle encore, dans ces contrées hymalayennes, *Khutrow,* ou *Khudrow*, ou *Noodrow* (mots qui signifient *sapin pleureur*), soit à cause des suintements de résine dont nous venons de parler, soit à cause du mélancolique aspect de ses branches infléchies, de ses longues feuilles et de ses rameaux pendants.

C'est entre 2,000 et 4,000 mètres au-dessus du niveau de la mer, sur les monts de l'Asie centrale, que l'Épicéa Morinda ou Khutrow se rencontre le plus souvent. Mais il croît naturellement aussi, en Chine, sous le nom de *Jo-bi-sjo* (commun ou indigène), et au Japon, sous l'appellation de *Torano-wo-momi* qui signifie « sapin en queue de tigre, » allusion à ses rameaux pendants et de toutes parts entourés de feuilles longues et minces, comparables aux poils du second roi des déserts.

La croissance de cet Épicéa est très-rapide et l'on pourrait ajouter que son tempérament est d'une rusticité à toute épreuve s'il ne lui arrivait, dans les bas fonds et les sols riches, de prolonger sa croissance jusqu'aux premières atteintes des gelées d'automne qui détruisent ainsi quelquefois l'extrémité de ses jeunes pousses. — Or, comme le Morinda croît aussi bien, pour ainsi dire, dans les terres maigres et sèches et qu'il n'y gèle pas, on évitera cet inconvénient en lui choisissant des emplacements plus secs où des espèces plus délicates ne sauraient réussir.

Cet arbre admirable, et dont on ne saurait trop encourager la culture et la propagation, n'est introduit en Europe que depuis 1818 (Loudon).

## VI. Epicea de Menzies, de Sitcha ou de Jezo, — icea Menziesii, Sitchensis, vel Jézoensis. — 1850.

N'étaient ses feuilles minces, étroites, sensiblement cylindriques, ou en prismes à quatre pans si on les examine de plus près, drues et éparses dans toutes les directions, feuilles d'épicéa en un mot, le *Picea Menziesii*, ressemblerait au tsuga de Douglas. Il en a le port droit et hardi, la ramification svelte et légère.

Planté pour la première fois en 1832 dans les jardins de la Société d'horticulture de Londres, l'Épicéa de Menzies, ainsi nommé en l'honneur de l'infatigable botaniste qui accompagna Vancouver dans son voyage autour du monde, est un conifère encore bien peu répandu. Cependant il se reproduit facilement de bouture et il serait à désirer qu'il fût multiplié davantage. C'est un bel arbre qui parvient communément à 20 ou 25 mètres de haut avec une cime pyramidale aux reflets argentés ; au nord de la Californie et dans l'île de Sitcha, pays où il est indigène, il parvient souvent, quand il croît dans une atmosphère humide, sur les rives des fleuves et dans de riches terrains d'alluvion, à cent pieds d'élévation (1). Il prospère aussi dans les sols argileux, glaiseux, sableux même, pourvu que la fraîcheur y soit permanente ; toutefois dans un terrain tourbeux ou au contraire chaud et sec, il est d'une végétation faible et maladive, et sujet à périr sous les atteintes de l'araignée rouge. Il paraît atteindre et dépasser dans sa patrie les qualités forestières et industrielles de notre épicéa commun, et mériterait d'avoir chez nous une place dans toutes les forêts et collections d'arbres (2).

(1) Gordon. *The Pinetum.*
(2) Johannes Senilis. *Pinaceæ.*

Les cônes du *Picea Menziesii* n'ont guère que 6 à 7 centimètres de longueur, y compris un rétrécissement de la base en forme de col, mais écailleux comme le reste, qui tient lieu de pédoncule (*fig.* 20). Ils sont cylindriques et suspendus à l'extrémité des rameaux soit isolément, soit par groupes de deux ou trois. Les écailles membraneuses et minces, sont plissées longitudinalement vers le bord supérieur et ondulées.

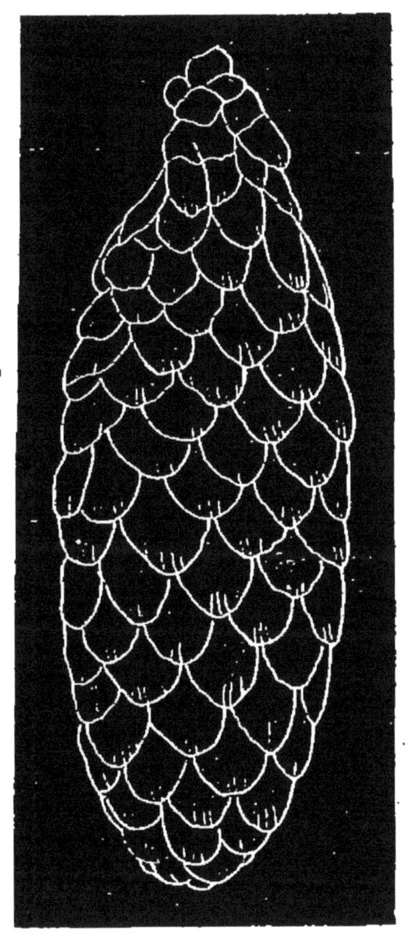

Fig. 20. Cône d'Épicéa de Menziès, avec son pédoncule écailleux (Grandeur naturelle.)

## Variétés de l'Épicéa.

Il existe quelques variétés de notre Épicéa dont le nom indique le caractère. Telles sont la variété dite *Crispée* (*Picea Menziesii Crispa*) remarquable par une frisure beaucoup plus prononcée des écailles de ses cônes, la variété *Fastigiée* (*Fastigiata*) dont les branches se dressent contre le tronc, la variété *A feuilles panachées* (*Variegata*), et enfin la variété *naine*.

## QUATRIÈME GENRE. — MÉLÈZE.

Nous avons eu occasion déjà, dans le cours de cet ouvrage, de citer plusieurs fois le Mélèze. A la page 63, en énumérant les caractères généraux de la classe des conifères, nous l'avons indiqué comme la principale des rares exceptions à la loi de persistance des feuilles. Un peu plus loin, en décrivant, page 74, les propriétés communes des genres de la section *Abies*, nous avons signalé, encore à titre d'exception, la consistance molle et la teinte vert tendre du feuillage du Mélèze. Enfin, quelques lignes plus bas, nous avons fait observer que, dans ce genre, ainsi que dans le genre *Cèdre*, la disposition des feuilles ne laissait pas que d'être *éparse* ou *solitaire*, comme dans les genres précédents, bien qu'elles parussent réunies en petits groupes ou bouquets. Une courte explication fera saisir la vérité de cette proposition qui pourrait, au premier abord, paraître paradoxale. Si nous observons, au printemps, l'entrée en végétation d'un jeune Mélèze, nous verrons les bourgeons de l'extrémité des branches, et surtout le bourgeon terminal, se développer d'abord en un petit bouquet de feuilles offrant une grande analogie avec les rosettes qui, l'année précédente, couvrirent de leur verdure les rameaux et les branches ; peu à peu ce petit bouquet s'allonge sans augmentation du nombre des feuilles qui le composaient, et bientôt ce groupe compacte et ramassé, a fait place à une pousse élancée sur laquelle les feuilles sont devenues tout à fait éparses et isolées les unes des autres. C'est que, bien que rapprochées, elles étaient toutes insérées séparément sur un axe très-court qui, en se développant dans toutes ses parties à la fois, a également développé les intervalles imperceptibles qui les distançaient.

Mais sur ces pousses de cimes ou de branches il se forme, l'année suivante, d'autres bourgeons qui, après s'être épanouis en bouquets de feuilles, cessent de développer leur axe ; c'est ainsi que dans les Mélèzes et les cèdres, les feuilles, sensiblement éparses et solitaires sur les pousses et les rameaux de l'année, sont rapprochées sur le reste des branches ; elles forment par là ces petits faisceaux qui donnent à ces conifères un caractère par ticulier sur lequel nous aurions pu motiver, dans notre classification, une subdivision de plus, si nous n'avions tenu avant tout à la simplifier autant que possible.

Comme tous les arbres qui perdent leurs feuilles à l'approche de l'hiver, le Mélèze, avant de se dépouiller, passe du vert glauque à l'une de ces teintes automnales qui font d'un beau mois d'octobre la plus poétique saison de l'année ; le jaune d'or dont brille, avant de s'éteindre, le mourant feuillage du Mélèze, n'est pas la moins riche et la moins précieuse de ces teintes variées.

Une autre charme réside, au printemps, dans l'aspect de cet arbre. Précoce et fécond, il se couvre, en même temps que de ses feuilles, d'un grand nombre de petits épis du plus beau violet, fleurs à fruit qui seront des cônes mûrs à l'automne, entremêlés de petits disques jaunâtres chargés du pollen générateur. Les tendres couleurs de cette floraison, mêlée à la verdure printanière des feuilles, donnent alors au Mélèze un charme que nous n'essaierons pas de décrire.

Les cônes, ovoïdes et de petite dimension, se dressent sur les branches (*fig.* 21), parfois le long de la flèche, et persistent longtemps sur l'arbre après que les écailles se sont entr'ouvertes pour laisser tomber la graine.

Fig. 21. Rameau et cône de Mélèze d'Europe.
(Grandeur naturelle.)

Chez le Mélèze, la séve agit deux fois par an sur le développement de l'arbre en longueur, c'est-à-dire qu'elle produit deux jets ou pousses dans la même année : lapremière séve commence dès que le moindre réveil se produit dans les forces végétales de la nature et dure jusqu'au mois de juillet ; la seconde se manifeste quinze jours après la cessation de la première, et finit en septembre.

## I. Mélèze d'Europe, Larix Europea.

Larix Decidua, Pyramidalis, Excelsa, Vulgaris.
Mélèze Commun.

Indépendamment de ses tons plus doux et plus gais, la verte pyramide du Mélèze varie sous d'autres rapports avec celles, plus sombres et plus sévères, de l'épicéa et du sapin. Les verticilles annuels, peu réguliers, fournissent des branches plus fines et plus grêles, qui ne grossissent pas à proportion de leur longueur ; et chaque année, sur la flèche de l'année précédente, surgissent un grand nombre de bourgeons adventices, dont les jets ne tardent pas à atteindre le mince grossissement des branches principales. Toute cette ramification, sous l'effort de la pesanteur, s'incline vers le sol tandis que les pousses herbacées, sous l'influence de la force végétative, se redressent vers le ciel auquel s'élance aussi la pousse terminale en suivant une verticale parfaite. Elle forme la pointe du cône très-allongé, dessiné par le tronc, et qui se poursuit assez régulièrement de la base au sommet (*fig.* 2, page 24).

Le Mélèze est le roi des montagnes, comme le chêne est le prince des bois de nos plaines. Les Alpes suisses, françaises, italiennes, sont sa station préférée ; il y forme de vastes forêts à une altitude qui varie de 1,000 à 2,000 mètres. On le rencontre aussi en Russie, en Laponie et jusqu'au voisinage du cercle polaire, en mélange avec l'épicéa et le pin cembro. Il est vrai que dans des régions aussi froides, comme à des altitudes supérieures à 2,000 mètres, il se réduit aux proportions d'un arbuste ou d'un chétif arbrisseau. Il manque dans les plaines d'Allemagne et dans la Scandinavie, comme en Grèce, dans les Appenins et les Pyrénées. Il se rencontre plus fréquemment sur les versants nord que sur les versants méridionaux des Alpes et des Karpathes, en Tyrol et en Hongrie. On ne l'a rencontré jusqu'ici sur aucun point de l'hémisphère austral.

Le Mélèze est un arbre de première grandeur

qui parvient facilement à 100 pieds de hauteur et à une circonférence de 4 à 5 mètres. On en cite quelques-uns de dimensions étonnantes, il en est un en Silésie qui mesure, assure-t-on, 54 mètres d'élévation et 3m 30 de circonférence à hauteur d'homme ; un autre, dans le Valais, au tronc lisse et sans branches jusqu'à une hauteur de 17 mètres, élève sa cime à 150 pieds au-dessus du sol et offre un pourtour si étendu que sept hommes suffisent à peine à en embrasser le tronc.

Le bois du Mélèze a l'aubier blanc, le cœur brun-rougeâtre, et contient des canaux résinifères en grand nombre ; l'écorce a une couleur analogue à celle du cœur, et présente quelques gerçures ; dans l'intérieur de son tissu se rencontrent quelques cavités, sans analogie d'ailleurs avec les glandes du sapin, mais qui se remplissent comme elles de sucs résineux.

Toutefois, ce n'est pas de ces sortes de réservoirs qu'on extrait la *térébenthine de Venise*, produit résineux du Mélèze, mais bien de l'aubier que l'on perce à cet effet à l'aide de tarières. Les feuilles excrètent une résine particulière qui se solidifie en petits grains blancs : c'est la *manne*, purgatif anodin malencontreusement remplacé depuis un certain nombre d'années par cette huile infecte et nauséabonde que l'on extrait des graines de la magnifique plante appelée *Palma Christi* ou *Ricin*.

Le bois du Mélèze est aux autres conifères ce que le bois de chêne est à celui des autres arbres feuillus : il est le plus précieux de tous. « Une grande richesse en résine, des accroissements minces et réguliers lui assurent une durée très-prolongée aussi bien sous l'air que sous l'eau, une résistance et une souplesse remarquables. Il ne se gerçure pas, n'est point attaqué par les insectes et convient aux constructions civiles, hydrauliques et navales. En Russie, on l'emploie même à la membrure des vaisseaux, et un navire submergé dans la mer du Nord, depuis plus de mille ans, avait encore du bois de Mélèze parfaitement sain et tellement dur qu'il résistait aux outils les plus tranchants. On en fabrique des bardeaux, du merrain pour tonneaux, des échalas d'une durée presqu'indéfinie, des tuyaux pour la conduite des eaux, etc. Comme bois de chauffage, le Mélèze a l'inconvénient de petiller et de lancer beaucoup d'éclats ; à cela près, il a une puissance calorifique assez élevée, qui est à celle du hêtre, comme 4 est à 5. Le charbon en est de bonne qualité, préférable à celui du sapin et de l'épicéa (1). »

(1) Mathieu. *Flore forestière.*

Mais pour que le Mélèze réunisse ces rares et précieuses qualités, il faut qu'il ait grandi sous les rudes caresses du vent du nord, et que chaque année, pendant de longs mois, son manteau de verdure ait fait place à la blanche robe des neiges alpines.

Dans des climats plus doux comme ceux des plaines et des côteaux du centre et même du nord de la France, il ne conserve pas, à beaucoup près, les mêmes avantages. Bien plus, sa végétation se modifie d'une manière bizarre : brillante d'abord et pleine d'activité, il arrive souvent que vers l'âge de quarante ou cinquante ans, plus tôt quelquefois, elle se ralentit insensiblement; la mousse et les lichens envahissent peu à peu la surface de la tige et des branches, l'arbre se couronne et dépérit. Ce phénomène a été observé en Angleterre, où des plantations forestières considérables avaient été faites en cette essence. Cependant, on a pu remédier à ce danger en associant le Mélèze à d'autres conifères, au sapin et à l'épicéa notamment : ce qui indiquerait qu'en dehors des contrées froides et montagneuses il ne végéterait bien qu'à l'état mélangé.

Dans les sols riches et gras, le Mélèze montre une puissance de végétation extraordinaire, mais il ne donne qu'un bois mou, poreux et sans aucune qualité.

On tomberait dans l'exagération cependant si l'on prétendait qu'en dehors des régions où il est indigène, le Mélèze ne peut fournir qu'un bois détestable et de valeur nulle. Sur le versant septentrional de coteaux, où circule un air vif et frais, dans un sol graveleux ou siliceux, ou même crayeux, mais en même temps frais et profond, notre arbre, surtout s'il est mélangé avec d'autres, donnera des résultats qui, pour être moins remarquables que ceux de ses confrères des Alpes ou de la Silésie, n'en seront pas moins dignes d'attention et d'intérêt. Une exposition fraîche est pour cela indispensable ; ce n'est que sur le sommet des hautes montagnes que le Mélèze peut braver impunément les expositions méridionales.

Ce qu'il craint, ce sont les fonds humides, surtout quand l'eau croupit stagnante autour des racines, et les terres compactes ou trop riches ; alors de deux choses l'une : ou il dépérira peu à peu, ou bien s'il paraît réussir, il sera sujet soit à des coups de soleil qui dessécheront un jour ou l'autre une partie de sa tige et condamneront le surplus à perdre tout avenir, soit à être victime des insectes, notamment de l'*aphis laricis* « qui recouvrira une grande partie du tronc et des branches de ses flocons lanugineux (1), » soit enfin à se carier et à se pourrir intérieurement à un âge peu avancé, et quand rien encore, extérieurement, ne paraîtrait faire soupçonner cette ruine intérieure.

Les racines du Mélèze sont pivotantes. Si le pivot principal se développe, il émettra en même temps un grand nombre de racines latérales qui traceront plus ou moins ; s'il vient à manquer par oblitération ou autrement, il sera remplacé par plusieurs pivots latéraux qui s'enfonceront obliquement en émettant chacun une ramification analogue à celle qu'eût produite l'axe normal.

La floraison, et par suite, la fructification du Mélèze sont très-précoces; dès douze ou quinze ans, il peut porter des cônes; il est vrai qu'à un âge si peu avancé leurs graines sont vaines. Pour avoir de bonne semence, il faut attendre que l'arbre qui la fournit ait atteint quarante ou cinquante ans. La longévité du *Larix*, au moins sur les hautes montagnes, est très-grande ; on en trouve dans les Alpes des sujets qui, âgés de cinq siècles, ne présentent aucun signe de dépérissement. Toutefois, c'est entre cent vingt et cent quarante ans qu'on

(1) Carrière. *Traité général des Conifères.*

règle d'ordinaire, dans les forêts de nos Alpes, le terme de son exploitabilité. Sans aucun doute, ce terme devrait être avancé, de même que pour l'épicéa, dans les climats plus doux de la plaine ou même de la moyenne montagne, et plus encore dans des sols trop frais et trop riches.

Le jeune plant de Mélèze est robuste et ne craint ni le froid ni le soleil, lorsqu'il est dans les conditions de sol et d'exposition que nous avons indiquées comme préférables. Lors donc qu'on opérera la coupe d'*ensemencement*, il ne sera pas à propos de la faire sombre comme dans une futaie de sapins, car un trop fort abri serait plus nuisible qu'utile à sa jeunesse ; on fera tomber au contraire un nombre d'arbres assez grand pour que ceux qui resteront sur pied soient distants les uns des autres de 8 à 10 mètres ; pour peu que le nouveau peuplement soit complet et bien venant, on procédera à la coupe définitive sans passer par la coupe secondaire.

Quant aux coupes d'amélioration, elles exigent plus que chez d'autres espèces une certaine habileté : car si pour combattre l'envahissement des bois blancs et des plantes parasites, faciles à se produire sous le couvert léger et le demi-ombrage du Mélèze, il paraît nécessaire de maintenir le massif plus serré que s'il s'agissait d'une autre essence, il faut tenir compte aussi, dans les pays de haute montagne, de l'action de la neige sur les flèches grêles et flexibles de ces abiétinées à feuilles caduques.

Dans les bois d'épicéa ou de sapin, la neige glisse le long de la flèche raide et fixe, pour se reposer sur les branches et les feuilles, et son poids est supporté uniformément par toutes les parties de l'arbre. Mais dans un massif de Mélèzes, les choses ne se passent pas ainsi : quand la neige tombe en grande abondance et longtemps de suite, l'extrémité des cimes et les petits rameaux qui les entourent, arrêtent les flocons et se plient sous leur poids, sauf à se redresser quand un coup de vent les aura débarrassés, ou qu'une flexion de plus en plus grande aura permis à la neige ainsi accumulée de tomber plus bas. Mais pour que le remède se produise ainsi de lui-même, il faut que les arbres ne soient pas trop rapprochés, autrement une première flèche inclinée par la neige venant à en rencontrer d'autres à droite, à gauche et devant elle, celles-ci, en rencontrant à leur tour de nouvelles, il se formera peu à peu une sorte d'aire aérienne sur laquelle la neige s'amassera sans pouvoir se dégager, jusqu'à ce que son poids devienne assez fort pour écraser son support et exercer ainsi d'irréparables ravages.

Il faut donc éclaircir assez largement les massifs de Mélèzes dans les régions alpines, sauf à faire disparaître, en temps utile, la végétation parasite par des nettoiements spéciaux. Ajoutons que le mélange de cette arbre avec d'autres résineux, supprimerait en grande partie les deux écueils du bris par les neiges et de l'invasion des essences inférieures.

Le tempérament robuste du jeune plant de Mélèze, la facilité avec laquelle il se passe d'abri dès sa première jeunesse permettront, lorsqu'on voudra le multiplier par semis, de ne pas s'astreindre aussi rigoureusement aux précautions recommandées pour l'épicéa et le sapin ; mais comme sa graine est très-légère, il importe que le sol soit assez débarrassé de menue végétation pour qu'elle soit mise facilement en contact avec lui. Le second des procédés de semis, que nous avons indiqués au chapitre III, sera par conséquent celui qu'il faudra préférer pour le Mélèze. Comme il y a toujours dans le nombre beaucoup de graines vaines ou d'une germination incertaine, il faudra la semer en abondance ; 15 ou 18 kilogrammes à l'hectare ne seront pas une quantité excessive.

Nous n'avons rien de particulier à dire de la plantation du **Mélèze**, si ce n'est que, pareillement à ce qui se passe pour l'épicéa, elle réussit mieux généralement que le semis ; pour peu qu'elle ait lieu dans un sol approprié, les jeunes brins supportent la sécheresse plus facilement que ceux des autres résineux.

## Variétés du Mélèze.

Les variétés du Mélèze d'Europe n'ont pas grand intérêt. Quelque diversité dans les branches, plus pendantes comme celles du *Larix Europœa Pendula,* et accusant davantage le redressement de leur sommet, comme dans le *Larix Europœa Repens*, ou bien plus nombreuses et plus touffues, comme dans le *Compacta ;* quelque changement de couleur dans les fleurs et dans les cônes, pourpres et jaunes-rougeâtre, sur le *Larix Rubra*, blanchâtre, sur le *Larix Alba :* tels sont les seuls caractères de ces variétés, que le semis ne reproduit pas toujours.

Deux autres formes appelées l'une *Dahurica* ou *Kamtschatica*, et l'autre *Sibirica, Altaïca, Archangelica, Rossica* ou *Ledebouriana*, sont tellement rapprochées du type, qu'on se rend difficilement compte de l'importance qu'elles peuvent avoir. Cependant quelques auteurs en font deux ou trois espèces différentes du *Larix Vulgaris :* mais il est probable que les variations sur lesquelles on a pu motiver ce classement proviennent surtout de la différence des stations où ces arbres ont été observés. Qu'y a-t-il d'étonnant à ce qu'une même essence change un peu d'aspect des Alpes aux monts Ourals, de la Silésie au Kamtschatka, et des environs de Nice aux montagnes de la Dahurie, de l'Altaï et des régions polaires de la Sibérie ?

## II. Mélèze d'Amérique, Larix Americana. 1766.

Mélèze du Canada, Épinette Rouge, Tamarack, Hacmack, Hacmatack, Larix Microcarpa, Rubra, Intermédia, Fraseri, Tenuifolia.

Ce n'est point par des dimensions excessives que l'*Épinette rouge* ou *Mélèze d'Amérique*, se recommande le plus à notre attention; elles ne dépassent pas 30 mètres de hauteur sur 3 mètres de circonférence; et nous avons vu que notre Mélèze d'Europe se distingue par des proportions plus fortes. Mais le *Tamarack* est remarquable par son extrême rusticité et sa facilité à croître sur toute espèce de sol, même (chose digne de remarque) « dans les plaines marécageuses aussi bien que sur les rochers les plus stériles (1). Son bois réunit toutes les qualités que l'on constate dans celui des Mélèzes qui croissent sur les hauts sommets des Alpes; il est, comme lui, d'une extrême durée. Facile à travailler, prompte à sécher, l'*Epinette Rouge* est très-employée dans les constructions navales pour quilles, genoux, ou varangues ; on en fait aussi des pilotis, des conduites d'eau et des clôtures qui durent plus d'un siècle (2). »

Dans le Canada, les États de Vermont, de New Hampshire, du Maine, de la Virginie, dans presque tout le nord de l'Amérique pour bien dire, le *Tamarack* est répandu et forme de vastes forêts. C'est un bel arbre à cime pyramidale et effilée, à branches nombreuses, étalées et se relevant du bout, à rameaux longs et déliés revêtus d'une écorce rougeâtre. Les feuilles sont un peu moins longues que celles du Mélèze d'Europe. Les fleurs femelles sont d'un violet verdâtre et paraissent en mars ;

(1) J. Clavé. Les essences forestières des colonies anglaises à l'Exposition de Londres. *Revue des Deux-Mondes* du 1er décembre 1862.

(2) Ibid.

par le fait de la croissance, ces jeunes cônes passent successivement au rouge violacé, puis au vert glauque, pour prendre à la maturité une teinte jaune pâle ou roux. Ils sont très-petits et ne dépassent pas 15 à 20 millimètres en longueur sur 10 à 12 en largeur.

Cet arbre est introduit chez nous depuis 1760 ; mais, faute d'expériences suffisantes, il n'est pas possible de dire s'il se montre en France supérieur à notre Mélèze indigène. Il est probable toutefois qu'on devra le soumettre aux mêmes modes de culture et d'exploitation.

### Variété du Mélèze d'Amérique.

On en cite une variété, *Larix Americana Pendula*, moins vigoureuse que l'espèce et remarquable par ses branches longues et grêles qui retombent jusqu'à terre.

### III. Mélèze du Népaul. Larix Nepalensis. 1850.

Mélèze de Griffith, Mélèze de Sikkim.

Nous ne dirons que quelques mots de ce Mélèze de l'Hymalaya, introduit en Europe seulement depuis 1850, et qui ne parvient pas à de bien grandes dimensions (40 à 60 pieds de hauteur au plus). Mais il forme une jolie pyramide d'un feuillage plus touffu et surtout d'un vert plus foncé que les autres Mélèzes, et s'est montré parfaitement rustique dans les jardins et les pépinières où il a été cultivé jusqu'ici. Il croît naturellement dans le Boutan, à une altitude de 2 à 3,000 mètres, à laquelle il s'arrête ; on le trouve encore abondamment dans le Sikkim et dans les vallées du Népaul oriental qu'entoure une ceinture de neige ; il s'y élève jusqu'à 3,500 et 4,000 mètres au-dessus du niveau de la mer.

## IV. Mélèze du Japon. Larix Japonica.

Fuzi-Matzu, Kara-Matz-Kui, Kin-Tsiam-Soung, Rak-jo-sjo ; — *Sapin à deniers d'or* ; Larix Nodosa, Nummularia.

Les noms de cet arbre indiquent son pays d'origine. Il se rencontre dans les montagnes de l'île Nippon, entre 35° et 40° de latitude ; on le trouve encore dans les îles de Jézo et de Krafto, jusqu'à 48°. Il croît spontanément sur les monts Facone, associé à d'autres conifères, notamment au *Thuyopsis Dolobrata* et au *Pinus Densiflora* (1).

(1) Andrew Murray, *The Pines and firs of Japan.*

Par son feuillage, son port, son ensemble, le *Larix Japonica* a la plus grande ressemblance avec notre Mélèze commun ; mais il en diffère par ses cônes plus petits, plus arrondis à l'extrémité supérieure, et formés d'écailles plus minces, dont le bout se replie légèrement en dehors (*fig.* 22). Sa ramification, d'après Gordon, serait plus régulière que celle de son congénère d'Europe, et se formerait par verticellés plus accusés.

Fig. 22. Cône et rameau de Mélèze du Japon.

« Dans le sud du Japon, on le cultive quelquefois, comme arbre décoratif, dans des pots, où il devient arbre nain et se vend extrêmement cher ; c'est pour cela qu'il a reçu le nom de *Sapin à deniers d'or* (*Golden penny Firs*) (1). »

## Variété du Mélèze du Japon.

On lui connait une variété qui est du reste souvent confondue avec l'espèce ; c'est le *Larix Japonica* LEPTOLEPIS, qui se distingue par des feuilles plus courtes et plus larges et par des cônes plus grands sur lesquels la courbure extérieure du sommet des écailles est plus accentuée, en même temps que ce sommet lui-même est légèrement échancré (*fig.* 23).

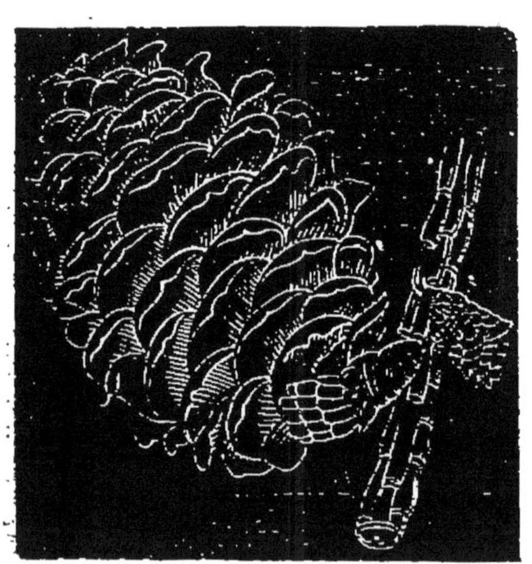

Fig. 23. Cône de Larix Japonica *Leptolepis*.

(1) Andrew Murray, *The Pines and firs of Japan*.

## V. Mélèze de la Chine ou de Kæmpfer. Larix Chinensis vel Kæmpferi.

Sapin de Kæmpfer, Faux-Mélèze (Pseudolarix). Séosi. Kara-Maas-Nomi. Pinus Kæmpferi.

Jusqu'ici nous avons étudié différentes espèces de Mélèzes si voisines quant à leurs caractères, qu'il est permis de se demander si l'observation que nous avons faite à propos des variétés du Mélèze d'Europe ne doit pas s'appliquer aussi à ces espèces ; si, en un mot, ces trois ou quatre essences de Mélèze ne sont pas identiques au fond, ne devant leurs légères différences qu'à la variété extrême des climats et des contrées dans lesquels on les rencontre. Quelle que soit la valeur de cette hypothèse, elle n'est plus possible devant le Mélèze de la Chine qui présente un caractère parfaitement tranché et spécial. Ce caractère consiste dans la caducité des écailles de ses fragiles cônes que le moindre choc suffit pour désarticuler et briser. La forme de ces écailles ne ressemble d'ailleurs à celle des strobiles d'aucun autre conifère. Larges de la base, elles se rétrécissent dans leur partie supérieure pour se terminer en une pointe échancrée dont les deux bords se replient extérieurement sur eux-mêmes : elles sont lâchement unies et par leur base seulement; leurs pointes font une saillie prononcée au dehors (*fig.* 24). Les cônes pendants, d'après Gordon et M. Carrière, seraient, au contraire, érigés suivant Andrew Murray (1).

Cette caducité des écailles du strobile ne nous paraît pas d'ailleurs suffisante pour permettre de classer ce Mélèze parmi les Sapins, car à cela près il est bien mélèze pour tout le reste : mélèze par sa tige droite et en cône régulier; mélèze par ses branches grêles, nombreuses, retombantes et redressées au sommet; mélèze par ses feuilles molles, tendres, caduques, éparses sur les rameaux, en bouquets sur les branches; mélèze enfin par les dimensions de ses cônes bien plus rapprochées de celles du *Larix* que de celles de l'*Abies* (0,065$^{mm}$ à 0,070$^{mm}$ de long sur 0,045 à 0,050$^{mm}$ de large) et jusqu'à un certain point par leur forme

(1) *The Pines and firs of Japan*, p. 102.

Il se pourrait qu'ils fussent l'un et l'autre, soit successivement à diverses époques de l'année, soit simultanément sur plusieurs individus, ou même simplement sur plusieurs branches d'un même arbre.

ovoïde quant à l'ensemble des lignes principales. D'ailleurs, si la caducité des écailles paraissait un obstacle insurmontable au classement de notre

Fig. 24. Cône de Mélèze de Kæmpfer à moitié de grandeur naturelle.

arbre parmi les Mélèzes, nous réclamerions pour lui un rang parmi les Cèdres, dont la foliation, à la persistance près, est la même, et dont les cônes ont aussi leurs écailles caduques autour d'un axe persistant.

Quoi qu'il en soit, le *Larix Chinensis*, observé

d'abord par Kæmpfer dans le Japon, a été depuis retrouvé en 1854 par M. Fortune dans le nord-est et les provinces centrales de l'empire chinois. « C'est, dit M. Charles Van Geert, un arbre de première grandeur et de la plus grande beauté. Les Chinois lui donnent le nom d'arbre d'or, à cause de la teinte dorée de sa verdure qui le fait distinguer de loin au milieu des bosquets. Il est parfaitement rustique, et nous croyons qu'il est appelé à devenir un des plus beaux arbres de notre climat. Il est et restera rare longtemps, car sa propagation, soit par bouture, soit par greffe, nous a constamment et complétement manqué; des graines, il n'en arrive pas, l'arbre étant même assez rare en Chine, et les collecteurs bien plus rares encore (1). »

## CINQUIÈME GENRE. — CÈDRE.

D'anciens auteurs avaient classé le Cèdre dans le même genre que le Mélèze. En fait, il n'y aurait rien d'absurde ni même d'illogique à appeler les Cèdres des *Mélèzes à feuilles persistantes*, ou réci-

(1) Catalogues de M. Charles Van Geert, horticulteur à Anvers.

proquement les mélèzes des *Cèdres à feuilles caduques* : les uns et les autres offrent en effet d'assez nombreuses analogies pour justifier cette réunion.

Le mode de croissance de l'arbre ; l'insertion des feuilles, éparses sur les pousses nouvelles et les jeunes rameaux, verticillées ou en rosette sur les branches et les rameaux plus anciens ; la forme même et les dimensions de ces feuilles ; le peu de régularité de la disposition et de l'accroissement des branches, qui laisse difficilement discerner les adventices des principales ; dans certaines espèces, l'inclinaison gracieuse des rameaux ; voilà autant de caractères par lesquels les Cèdres s'identifient en quelque sorte avec le genre mélèze. Il est vrai qu'une première différence réside dans la persistance des feuilles ; mais ce ne serait pas là une cause suffisante de division : nombre de plantes ligneuses se rencontrent en qui la caducité ou la non-caducité des organes foliacés n'établissent pas des genres ; mentionnons, pour n'en citer que quelques exemples, les chênes rouvre et pédonculé et les chênes yeuse et liége, l'épine-vinette commune et celle à feuilles de houx, la viorne mancienne et la viorne lauriforme improprement nommée *Laurier-tin*. Du reste le Cèdre peut se greffer sur le mélèze, ce qui établit d'une manière irréfragable leur proche parenté.

La différence la plus tranchée qui sépare ces arbres et a permis d'en faire deux genres différents, se trouve dans les cônes et dans l'époque de la floraison. Tandis que la floraison du mélèze a lieu en avril, ou en mai, pour être promptement suivie de la fécondation et quelques mois après de la maturité, les fleurs du Cèdre, bien que commençant leur premier développement au printemps, n'ont atteint leur entière évolution et ne permettent à la fécondation de s'accomplir qu'en septembre ou octobre : ce n'est qu'*au mois de juin suivant* que les fleurs femelles forment à proprement parler des cônes d'une consistance d'ailleurs tout herbacée ; ces cônes mûrissent avec une grande lenteur, et ce n'est qu'un an après qu'ils commencent à contenir des graines d'une maturité suffisante. Ils persistent ainsi pendant plusieurs mois durant lesquels une sorte de fermentation légère prédispose les graines à la germination. Enfin, en septembre ou octobre, deux ans par conséquent après l'époque de la fécondation, les écailles des cônes se désarticulent et tombent peu à peu pour se disséminer avec les graines qu'elles recouvrent, et l'axe sur lequel elles étaient insérées persiste dans la position verticale qu'occupait le cône. Les choses se passent donc tout à fait, sauf la durée, comme dans le Sapin.

Ces phénomènes de floraison et de fructification se produisent souvent dans les Cèdres à un âge très-peu avancé, mais ce n'est guère avant quarante ou cinquante ans que les fruits donneront des graines fertiles.

La forme du cône de Cèdre est celle d'un ovoïde très-caractérisé : les écailles, beaucoup plus larges que longues, se recouvrent les unes les autres dans la plus grande partie de leur longueur; fortement pressées dans la direction de l'axe commun, elles donnent au cône une surface très-lisse et une consistance d'une grande dureté qui rend assez difficile l'extraction de la graine (*fig.* 25). On voit qu'il n'y a aucun rapport, quant au mode de dévelop-

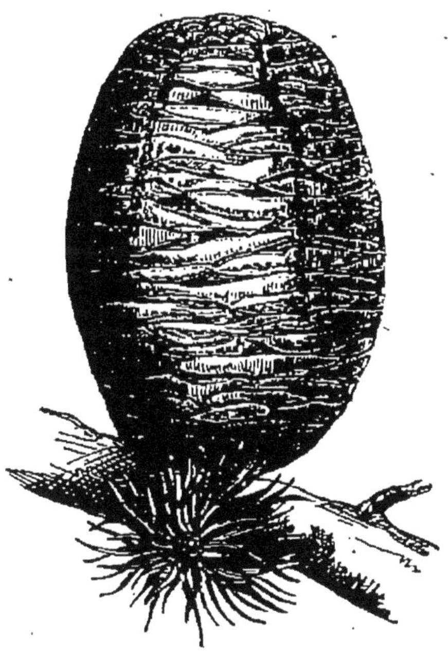

Fig. 25. Cône de Cèdre du Liban sur un fragment de rameau.
(Au 1/4 des dimensions naturelles.)

pement et à la conformation du strobile, entre les mélèzes et les cèdres; de plus les cônes de ceux-ci sont d'un volume beaucoup plus fort que les cônes de ceux-là (8 à 10 centimètres de longueur sur 5 à 6 d'épaisseur dans le Cèdre du Liban).

La floraison des Cèdres offre encore une particularité assez remarquable ; bien que *monoïque*, c'est-à-dire réunissant normalement les deux sexes sur la même plante, il arrive quelquefois qu'un pied ne portera que des fleurs mâles et un autre rien que des fleurs femelles, la floraison devenant ainsi exceptionnellement *dioïque*. Comme les mélèzes, les Cèdres ont deux séves : la première allant du commencement ou du milieu du printemps jusqu'aux premiers jours de juillet; la seconde se manifestant quinze jours après la cessation de la première pour ne finir qu'en septembre ou octobre, ou même à l'arrivée seulement des premiers froids.

## I. Cèdre du Liban. Cedrus Libani. 1683.

Grand-Cèdre, Cédrelate, Haut-Cèdre, Cèdre d'Orient, Cèdre de Phénicie, Cèdre Etalé.

A conditions égales d'âge, de croissance et de

bonne végétation, un *Cèdre du Liban* à l'état adulte forme une pyramide moins élancée, mais bien autrement compacte, large et puissante que le Sapin ou même que l'Épicéa. Les branches, fermes dans leur solide carrure, s'étendent horizontalement ou ne s'infléchissent que bien peu vers le sol, et les rameaux avec leurs ramules se dirigent suivant le même plan qu'elles ; et, comme les bouquets de feuilles s'étalent en une infinité de petites touffes, l'intervalle compris entre les branches secondaires et les rameaux est entièrement garni d'une épaisse verdure, étendue comme un gazon sur une pelouse. Chaque branche, qui de la base au sommet diminue peu à peu, porte ainsi sa nappe verdoyante, et cette succession par étages de plans feuillés qui s'arrondissent en dôme vers le faîte, donne au *Cèdre du Liban* un ensemble d'une rare magnificence (*fig.* 1 au frontispice).

Perdu depuis les temps anciens, cet arbre a été retrouvé, vers la fin du dix-septième siècle, sur le mont Liban, mais à un si petit nombre d'exemplaires, que l'on craignait fort de le voir disparaître tout à fait. Heureusement des explorations plus récentes ont fait constater sa présence dans d'autres montagnes de l'Asie Mineure où il couvre, d'après M. Carrière, une étendue de terrain d'une longueur de plus de

80 kilomètres, et plus récemment encore, dans celles de l'Algérie, où les Cèdres occupent quelques crêtes et principalement des gorges à toutes expositions qui leur procurent un abri contre la violence du vent dans les chaînes de Mouzaïa, de Djebel-Tougour, de Bordjem, Bellesma, etc., etc. (1). Leur altitude, dans ces montagnes, est de 1,400 à 1,800 mètres (2). Il est assez répandu dans les parcs et les jardins, où l'on en rencontre parfois des individus séculaires. Le plus connu est celui du Jardin des Plantes de Paris, planté par Bernard de Jussieu en 1736 ; ce Cèdre ne répond pas entièrement à la description précédente ; il lui est arrivé ce qui arrive souvent aux arbres de son espèce dont les branches, fortes et puissantes, tendent à s'élever et à se transformer en plusieurs tiges lorsque la cime a été rompue à son extrémité sur un sujet ayant dépassé la première jeunesse ; une flèche nouvelle ne se reforme plus et les branches supérieures se partageant le développement réservé à la cime, l'arbre perd promptement sa forme pyramidale. L'aspect du Cèdre du Jardin des Plantes rap-

(1) Feu M. V. Renou, inspecteur des forêts de l'Algérie : *Notice sur les forêts de cèdres de l'Algérie*, dans les *Annales forestières*, t. III, année 1844.

(2) Mathieu. *Flore forestière.*

pelle bien plus, si l'on fait abstraction du feuillage, la forme d'un vieux chêne à la colossale ramure que celle d'un arbre vert.

En dehors de cette circonstance de bris ou d'atrophie du bourgeon terminal qui, pour être fréquente n'en est pas moins accidentelle, le Cèdre du Liban forme rarement un arbre à flèche élancée; et quoiqu'il puisse parvenir dans certaines circonstances favorables à des hauteurs de 30 et 40 mètres, il se fait généralement remarquer davantage par la grosseur du tronc, qui atteint facilement plusieurs mètres de circonférence, par la prodigieuse longueur de ses branches inférieures et par la vaste amplitude de sa cime.

L'écorce est rugueuse et fendillée et affecte une couleur d'un gris brun ou roussâtre. Le bois ressemble un peu à celui de l'épicéa, mais il a le grain plus serré, et sa couleur, d'un blanc rougeâtre ou brunâtre, est plus foncée surtout au cœur; il renferme non pas des canaux résinifères comme l'épicéa, mais seulement quelques cellules à résine qui suffisent pour lui donner une odeur aromatique assez prononcée. Somme toute, c'est un bois ordinaire, analogue à celui du sapin et de l'épicéa et qui ne répond en rien à la merveilleuse réputation que l'antiquité lui avait faite. Faut-il attribuer une telle contradiction à cette circonstance que le bois de Cèdre a été observé sur des arbres ayant crû en plaine dans nos climats tempérés où ils auraient subi une dégénérescence analogue à celle du mélèze dans les mêmes conditions ? Peut-être. Mais cette explication semble insuffisante en présence des forêts de Cèdres découvertes dans les hautes montagnes de l'Algérie, et où l'on n'a pas remarqué une supériorité assez considérable dans les produits pour trouver là le nœud de cette contradiction. Ne serait-il pas plus rationnel de penser qu'il a pu exister, il y a trois ou quatre mille ans, une autre espèce de Cèdre croissant sur le mont Liban, en mélange avec celle dont on n'a plus retrouvé, il y a deux siècles, que de faibles vestiges ?

Sous le rapport du sol, le Cèdre paraît avoir des exigences analogues à celle du mélèze, et l'on peut se reporter à ce que nous avons dit à cet égard sur le mélèze d'Europe ; plus encore que lui peut-être, il craint l'excès d'humidité. En sa qualité de végétal alpestre, le Cèdre cultivé en pays de plaines ou de coteaux, est sensible dans la première jeunesse aux froids de l'hiver, parce qu'il n'y trouve pas l'épaisse couche de neige qui l'abrite dans sa contrée natale ; il souffre aussi quelquefois des gelées du printemps qui succèdent chez nous aux premiers beaux jours et qui sont inconnues dans les régions montagneuses où, à un hiver prolongé, succède brusquement un printemps sans retour (1). Mais en le plaçant dans des conditions d'abri appropriées pendant les cinq ou six premières années, il devient ensuite très-robuste et ne craint plus rien du froid.

L'enracinement du Cèdre du Liban consiste dans un ou plusieurs pivots très-forts, émettant un grand nombre de vigoureuses racines latérales qui s'étendent beaucoup et donnent à l'arbre une assiette des plus solides.

Il n'est pas possible de donner de grands renseignements sur l'exploitation des massifs forestiers de Cèdre du Liban ; il n'en existe chez nous qu'en Algérie et dans des conditions telles que l'on ne pourra probablement pas de sitôt les soumettre à des exploitations régulières et à des études scientifiques suivies. Il est présumable toutefois qu'en montagne ils demanderaient un mode de traitement analogue à celui des massifs de sapin, avec moins de préoccupation cependant pour la protection à donner, lors de la régénération, aux jeunes plants, plus robustes sous les climats alpestres, que ceux de notre sapin commun. Dans des contrées plus tempérées, au

(1) Mathieu. *Flore forestière*.

contraire, il faudrait viser avant tout à donner au jeune recrû un abri suffisant pendant les six ou huit premières années. Enfin, de la propension du Cèdre du Liban à s'étendre en branches horizontales et à arrondir sa cime, on peut conclure qu'il faudrait serrer les éclaircies afin de le contraindre à s'accroître en hauteur.

Il n'a été tenté des repeuplements proprement dits en Cèdre que depuis que l'Administration des forêts de l'État a entrepris le grand œuvre du reboisement des montagnes. Or, comme l'extraction de la graine est, à cause de la dureté des cônes, une opération assez délicate, voici le procédé que l'on emploie. On fait venir des cônes d'Algérie récoltés entre l'époque de la maturité et celle de la dissémination; on répand ces cônes sur le terrain à ensemencer quand une épaisse couche de neige le couvre encore. Au dégel on revient et on trouve les cônes gonflés, les écailles écartées et en partie désarticulées, et la graine partiellement répandue autour d'eux. En quelques légers coups de pioche l'ouvrier a achevé la rupture du cône, ameubli légèrement le terrain et mêlé la graine avec la petite surface de terre remuée. Les plants lèvent par touffes et donnent le résultat d'un semis par potets.

A part ce cas, on ne sème le Cèdre qu'en pépinière pour élever de jeunes sujets, à la plantation desquels on doit procéder avec les précautions indiquées pour le sapin et aussi pour les espèces rares ou délicates.

## Variétés du Cèdre du Liban.

Il existe deux ou trois variétés du Cèdre du Liban, l'une dite *à feuilles azurées* (Glauca), une autre *naine*, la troisième *à rameaux pendants* (Pendula). Vu leur peu d'intérêt, nous ne les mentionnons que pour mémoire (1).

(1) M. Carrière, dans sa nouvelle édition publiée depuis que le présent travail est sous presse, mentionne une variété qu'il appelle *Decidua*, c'est-à-dire *à feuilles caduques*, et qui a été obtenue par M. Sénéclauze, horticulteur à Bourg-Argental. Suivant M. Carrière, cette variété « semble établir une liaison entre les cèdres et les mélèzes. » A notre humble avis, ce fait prouve beaucoup plus; il indique qu'en réalité il n'existe pas de différence fondamentale entre les genres *Cèdre* et *Mélèze*, genres tellement voisins qu'ils peuvent passer l'un dans l'autre, et qu'il n'y aurait rien d'absurde à les confondre en un seul, opinion que nous avons d'ailleurs déjà exprimée un peu plus haut. (Voir pages 170 et 171.)

## II. Cèdre de l'Atlas. Cedrus Atlantica. 1842.

Cèdre Élégant, Cèdre Argenté, Cèdre d'Afrique.

Mieux encore que le Cèdre du Liban le Cèdre de l'Atlas peut se comparer au mélèze. Il n'a pas la cime arrondie en dôme, les branches puissantes et trapues de son congénère de Syrie, mais sa tête s'aiguise en flèche, ses bras moins forts n'élargissent pas autant la base de la verte pyramide et inclinent vers le sol leurs palmes plus symétriquement disposées. « Dans la chaîne africaine du Mouzaïa sur laquelle s'étend une masse boisée en Cèdres que l'on évalue à 4 ou 5 mille hectares, les Cèdres du Liban, dit M. Renou (1), s'élancent beaucoup moins et sont le plus souvent dominés par les Cèdres argentés dont la croissance paraît plus rapide et qui ont plus de tendance à gagner en élévation. On trouve néanmoins des emplacements sur lesquels les Cèdres du Liban l'emportent par leur nombre sur ceux de la deuxième espèce (2). Dans une semblable condition les Cèdres du Liban

(1) *Loco citato.*

(2) D'après le même auteur, la proportion générale du mélange serait de 3/10 de Cèdre du Liban pour 7/10 de Cèdre de l'Atlas.

se développent plus régulièrement ; leurs branches couvrent moins d'espace. Ils gagnent alors en élévation, et leur circonférence atteint 4 et 5 mètres à 3 pieds du sol. »

Généralement les feuilles de l'*Atlantica* sont plus épaisses que celles du *Phœnicea;* leur partie inférieure est d'un blanc mat qui donne à la verdure générale de l'arbre un reflet argenté; cette teinte blanchâtre se retrouve même, un peu avant la maturité des cônes, à l'extrémité de leurs écailles. Le ramule dont l'oblitération annuelle produit la disposition verticillée des feuilles, est plus gros dans le Cèdre d'Afrique, et les points d'insertion des feuilles précédemment tombées y laissent une trace plus accentuée. L'écorce, d'un gris cendré, est épaisse et rugueuse; le bois est blanc et nuancé de jaune, d'un grain serré et homogène, mais moins lourd que celui du Cèdre du Liban. Ces divers caractères toutefois ne sont pas absolus et peuvent partiellement manquer ; mais à sa forme pyramidale plus élancée, à ses branches moins grosses, moins longues et plus retombantes, on distinguera aisément un Cèdre Argenté d'un Cèdre d'Orient.

Les cônes du premier sont plus petits que ceux du second. La floraison, la fructification et les phénomènes qui s'y rattachent sont les mêmes dans les deux espèces : les châtons mâles et femelles sont érigés chacun au centre d'un verticille de feuilles, les mâles inclinés sous leur propre poids.

Sous le rapport de l'enracinement, de la culture et des modes probables d'exploitation, l'on n'a qu'à se reporter à ce que nous avons dit du Cèdre du Liban ; il faut noter cependant que le Cèdre de l'Atlas, moins sensible au froid dans sa première jeunesse, est un peu plus délicat ensuite dans nos cultures de plaines que son congénère qui, à partir de six ou huit ans, devient d'une rusticité à toute épreuve.

### III. Cèdre de l'Inde ou Déodara. Cedrus Indica vel Deodara.

Cèdre du Thibet, Cèdre Sacré, Cèdre Pleureur.

Aux grâces frémissantes du saule pleureur, joindre la fière allure de l'épicéa avec le port svelte et élancé du mélèze, tel est l'attribut du jeune Cèdre de l'Inde. Sa flèche, ses branches, ses rameaux s'inclinent mélancoliquement en courbes arrondies ; ses feuilles, d'un vert gris et pâle dans leurs rosettes, passent au blanc d'argent le long des pousses nouvelles. Que si, par une belle matinée du printemps, mille gouttes de rosée viennent à perler à

Fig. 26. Jeune Cèdre de l'Inde ou Déodora.

l'extrémité de chaque rameau, de chaque bourgeon,

de chaque feuille, les rayons du soleil en se jouant dans cet écrin y décomposeront les couleurs du prisme, et notre jeune Déodara semblera un arbre du jardin des fées courbé sous le poids de ses trésors (*fig.* 26). Plus tard des formes plus viriles succéderont à ces grâces de la jeunesse; la flèche se redressera pour n'incliner plus que les derniers anneaux de son dernier bourgeon, et pareillement les branches, s'étalant horizontalement, ne pencheront plus que leur pousse terminale; la verdure revêtira des tons plus fermes et moins doux; la pyramide fixera peu à peu ses imposantes assises ; mais toujours svelte et légère dans son ampleur, elle saura rehausser la majesté des Cèdres du Liban de l'élan de la flèche hardie des mélèzes.

Originaire des montagnes de l'Hymalaya et du Thibet, le Cèdre de l'Inde est considéré par les indigènes comme un arbre divin. De là son nom sanscrit *Deva-Darâ* ou *Deva-Darô* qui signifie *voué à Dieu, uni à Dieu*, et que traduirait assez bien le nom propre français *Dieudonné* (1). Il

(1) On le gratifie de plusieurs autres noms. Dans le Gurwhal on l'appelle Kélon, Kolan, Kolain; dans le Kunawar, Kelmung; près de Simla, Kéloo, Kélou, Kélouè; dans l'Indoustan, Devadaru, Dewur et Deodara; enfin Nockthur dans le Kafristan.

forme dans ces contrées, ainsi que dans le Népaul et le Kafristan, de vastes forêts à des altitudes qui varient de 1,800 à 4,000 mètres, en mélange soit avec le pin à longues feuilles (*longifolia*), soit avec l'épicéa morinda, qui le dépasse quelquefois, et avec le sapin de pindrow. Il atteint souvent des dimensions prodigieuses : dans le Bas Kamaon, dit Gordon, se trouve une spacieuse forêt où ces magnifiques arbres mesurent 20 à 27 pieds de tour; le major Madden en observa un en 1830 qui avait 36 pieds de circonférence à 5 pieds du sol, et quelques jours après il en vit d'autres qui ne mesuraient pas moins de 30 pieds de pourtour sur 150 à 200 pieds de hauteur (1). Le bois de cet arbre a une odeur caractéristique et forte qui le préserve de l'atteinte des insectes; le grain en est uni, le fil droit, il ne se tourmente pas, même à l'état de planche mince; il est résistant; on peut enfin le considérer comme le meilleur bois résineux qu'il y ait au monde (2). Il sert à toute espèce d'usages, depuis la grosse charpente jusqu'au meuble de luxe, et paraît être d'une durée indéfinie, soit à l'air, soit à l'abri, soit même sous eau. Il prend

(1) Gordon. *The Pinetum.*

(2) *Ibid.*

sous l'action du polissage un aspect remarquable; un plateau de 1 mètre 20 de diamètre, dit le marquis de Chambray, envoyé par Lambert à Wallich, paraissait être un gigantesque morceau d'agate. Bien différent de celui du Cèdre du Liban, ajoute le même auteur, le bois du Déodara, très-compacte, très-résineux, répand un parfum des plus agréables et paraît posséder les qualités que les anciens attribuèrent au Cèdre du Liban, et que nous ne lui trouvons plus.

En Europe, en France et surtout dans nos climats de plaine, le Déodara, introduit chez nous depuis 1822, reproduira-t-il ces brillantes qualités? La question est incertaine. Toujours est-il qu'il les possède dans les contrées où il est indigène. Or nous avons vu que le Cèdre du Liban, indigène dans les montagnes d'Afrique, n'a fourni jusqu'ici qu'un bois très-ordinaire. N'est-on pas autorisé à conclure de là que le Cèdre de l'Inde a pu, du temps de David, de Salomon, et même de Pline, se rencontrer aussi sur le mont Liban, en mélange avec l'autre? Naturellement c'était celui qui donnait le bois le meilleur qui devait être employé et rendu célèbre. Dans cette hypothèse le *Cedrus qui est in Libano*, de la Bible, de même que le *Cedrus in Creta, Africa Syria laudatissima*, de Pline, n'auraient été autres que notre *Cèdre Dieudonné* actuel; et l'on s'expliquerait aisément alors les merveilles que les historiens sacrés et profanes racontent de ce bois, puisque des merveilles analogues se constatent, dans l'Hindoustan et au Thibet, sur le *Cèdre Sacré* de ces régions.

Le Déodara paraît se plaire en rare et pauvre sol, mais il craint l'excès d'humidité autour de ses racines. Les expositions du nord et du nord-ouest doivent lui convenir préférablement à d'autres, en ce qu'il redoute pour ses jeunes pousses les premières gelées de l'automne — car sa seconde séve se poursuit jusque-là — et il importe, pour conjurer ce danger, que le dégel soit passé quand le soleil vient promener ses rayons sur le feuillage de notre arbre. Il ne se fait pas encore de *repeuplements* en Cèdres de l'Inde, car la graine en est rare et chère; on n'en fait que des semis en pots ou tout au plus en pépinière pour en élever des plants que l'on traite avec toutes les précautions indiquées pour les espèces rares et précieuses.

# CHAPITRE VI.

## ORDRE PREMIER.

### LES ABIÉTINÉES.

(Suite.)

### Section deuxième. — PINUS.

Différence entre la section Abies et la section Pinus. — Caractères généraux de cette dernière. — Genre unique. — Subdivision de ce genre en quatre groupes, basée sur l'agencement des feuilles par 2, par 2 et 3, par 3 et par 5.

1er groupe : Pins à 2 feuilles. — Monographies particulières de sept espèces, non compris les variétés.

2e groupe : Pins à 2 et 3 feuilles. — Le Pin d'Alep et ses variétés.

3e groupe : Pins à 3 feuilles. — Monographies particulières de huit espèces.

4e groupe : Pins à 5 feuilles. — Monographies de six espèces. — Fin du 1er volume.

Dans les abiétinées que nous avons étudiées jusqu'ici et dont nous avons groupé les divers genres sous la dénomination insuffisante de *Abies*, le bourgeon s'épanouit en un bouquet de feuilles courtes, indépendantes, mais pressées les unes contre les autres. Ces feuilles peu à peu se desserrent et s'allongent, en même temps que grandit leur axe d'insertion, qui ne tarde pas à devenir la pousse nouvelle de la branche ou de la cime.

Il n'en va pas de même dans les innombrables espèces du genre unique dont se compose la section *Pinus*. Le bourgeon n'a pas à proprement parler d'épanouissement ; il s'allonge en un axe sur lequel on voit poindre petit à petit les lieux d'insertion des feuilles futures. De ces points sortent bientôt de petits appendices sensiblement cylindriques, recouverts à leur base d'une pellicule enveloppante et fendus à leur extrémité supérieure de manière à révéler l'existence non de feuilles simples, mais de deux, de trois ou de cinq feuilles distinctes, réunies sous la même enveloppe ou *gaine*, et qui ne tarderont pas à s'étendre sur une longueur moyennement triple ou quintuple de celle des feuilles du sapin commun ou de l'épicéa. Ce nombre de feuilles à chaque point d'insertion est constant sur chaque espèce ; il n'est jamais que de deux, deux et trois, trois, ou cinq ; et suivant ce chiffre, les feuilles qui précèdent de faisceaux cylindriques ont la forme d'une moitié, d'un tiers ou d'un cinquième de cylindre. On a pu se baser sur cette circonstance pour classer, comme nous l'avons fait, les nombreuses espèces du genre en pins à deux feuilles, à deux et trois feuilles, à trois feuilles et à cinq feuilles.

Ces organes ne sont donc plus solitairement épars autour des rameaux comme dans les sapins et les épicéas, ou réunis en faisceaux par le seul fait du non-développement de leur axe d'insertion, comme dans les mélèzes et les cèdres; mais ils sont *géminés*, *ternés* ou *quinés* dans une gaine commune. A ce caractère, un pin se distinguera toujours sans aucune hésitation de tout autre conifère. La longueur des feuilles est aussi un trait distinctif, mais moins constant et moins assuré cependant que celui de leur mode d'insertion. — Chez les pins il ne se forme presque jamais de bourgeons adventices ou axillaires le long des pousses de l'année précédente, en sorte que leur âge est généralement très-bien accusé par les verticilles de leurs branches. Celles-ci, moins chargées de feuilles et de rameaux, sont par suite beaucoup moins sollicitées à s'incliner vers le sol et se dirigent volontiers, surtout dans la jeunesse, suivant des arcs de cercle dont l'extrémité supérieure se dresse verticalement.

Les chatons mâles sont disposés en épis à la base des nouveaux bourgeons, les chatons femelles isolés ou en faisceaux à l'extrémité des rameaux; ils ne produisent de cônes mûrs que dans l'année qui suit celle de leur fécondation. Leurs écailles, persistantes, s'entr'ouvrent pour laisser tomber la graine, et les cônes vides se maintiennent souvent pendant fort longtemps sur l'arbre après la dissémination.

Les Pins sont presque tous des arbres de première grandeur. Souvent ils contournent plus ou moins leur tige sous l'action des vents ou même du poids de leurs propres branches, et la plupart ne s'élancent en hauteur que s'ils croissent en massifs suffisamment serrés.

---

## Premier groupe. — Pins à 2 feuilles.

### I. Pin Sylvestre. — Pinus Sylvestris.

Pin de Riga. — Pin d'Ecosse. — Pin de Briançon.

Vouloir décrire sans observations et distinctions

préalables l'aspect général, le port et la physionomie du Pin Sylvestre, ce serait s'exposer à tomber au moins partiellement dans l'inexactitude. Peu d'espèces, en effet — si toutefois il s'en rencontre — sont, autant que ce Pin, variables quant à leurs apparences, leur mode de développement et leurs qualités. Non-seulement cet arbre existe sous plusieurs formes, types ou races à beaucoup d'égards dissemblables, mais encore chacun de ces types se modifie suivant les climats, les régions ou les sols. Il en résulte que la plus grande confusion règne parmi les auteurs qui se sont occupés de ce conifère ; autant d'écrits, autant de systèmes différents : *tot capita, tot sensus*. Pour nous guider dans cette Babel, nous aurons recours aux judicieuses observations présentées naguère par feu M. de Vilmorin, correspondant de l'Institut, dans un mémoire publié en 1863 par la Société impériale et centrale d'agriculture de France.

Ce travail, appuyé sur l'étude comparative et prolongée de plus de trente lots de Pins Sylvestres semés et élevés par M. de Vilmorin lui-même, dans son domaine des Barres (Loiret), à l'aide de graines recueillies sur tous les points de l'Europe, ce travail, disons-nous, réunit des conditions de sûreté ou au moins d'extrême probabilité que l'on ne saurait trouver à un égal degré nulle part ailleurs. Il sera donc notre *fil d'Ariane.*

Partons, comme M. de Vilmorin lui-même, de l'observation faite et publiée en 1760 par le comte d'Haddington, grand propriétaire écossais :

« Quoique j'aie entendu assurer qu'il n'existe qu'une espèce de Pin d'Écosse, et que les différences qui se voient dans le bois de ces arbres, lorsqu'on les débite, sont dues uniquement à leur âge et aux terrains dans lesquels ils ont crû, je suis cependant convaincu qu'il en est autrement, et en voici la raison. Lorsque j'ai fait abattre des pins plantés par mon père, il vivait encore ici quelques hommes qui se rappelaient les avoir vu élever ; la graine avait été semée dans une seule et même planche, les plants repiqués en pépinière, plus tard plantés à demeure le même jour ; lors, dis-je, que j'ai coupé les arbres, j'ai vu que les uns avaient le bois blanc et spongieux, tandis que d'autres l'avaient rouge et dur, et cela à quelques jours de distance seulement. Cette remarque m'a engagé à ne cueillir mes cônes que sur les arbres les plus rouges. »

M. de Vilmorin accompagne cette citation de l'observation suivante :

« C'est une chose fort remarquable que le premier observateur qui se soit occupé de la question ait mis justement le doigt sur la solution, d'abord quant au principe, en reconnaissant qu'il existe des variétés naturelles, indépendantes de l'influence du climat ; puis, quant à l'application pratique, en choisissant entre des variétés, l'une bonne, l'autre mauvaise, la première seule pour la reproduction. »

Parmi les différences sans nombre observées par

M. de Vilmorin entre les pins provenant de ses trente et quelques semis, toutes les nuances et gradations possibles se rencontrent entre deux types extrêmes qui seuls présentent des caractères absolument distincts et tranchés. Ce serait compliquer beaucoup notre travail et fatiguer, sans grand profit dans la circonstance, l'attention du lecteur que d'entrer dans l'examen des vingt-neuf variétés que M. de Vilmorin a réparties le moins arbitrairement possible entre cinq groupes qui, eux-mêmes, n'offrent guère de l'un à l'autre que des nuances entre les deux extrémités de l'échelle. Nous adopterons trois types seulement, et nous les décrirons d'une manière assez générale pour qu'on puisse aisément rattacher à chacun d'eux, malgré quelques différences, les variétés qui s'en rapprochent le plus. Ces trois formes du Pin Sylvestre sont : le *Pin de Riga, le Pin de Briançon,* et entre deux, le *Pin d'Ecosse ou Sylvestre* proprement dit.

Ce dernier étant le plus connu, c'est de lui que nous parlerons d'abord.

### (a) Pin d'Ecosse.

**Pin Commun, Pin Tortueux, Pin Horizontal; — Pin de Genève, Pin de Champagne ; — Pin de Haguenau, Pin d'Allemagne.**

La pyramide de verdure formée par un *Pin Syl-*

*vestre* commun ou *Pin d'Écosse* est d'un vert gris ou glauque et peu fournie; les feuilles, ordinairement quintuples en longueur de celles de l'épicéa, et souvent aussi ne les dépassant que dans une proportion moindre, (5 à 8 centimètres) persistent seulement deux ou trois ans et sont beaucoup plus clairsemées. Les cônes, longs de 5 à 6 centimètres (*fig.* 27), sont insérés, soit isolément, soit par deux ou trois, sur les rameaux et inclinés suivant une direction intermédiaire entre l'horizontale et la disposition pendante. Les branches, irrégulièrement étalées dans le milieu de l'arbre, sont allongées, grêles, retombantes parfois, et presque nues dans les étages inférieurs, où elles ne se ramifient qu'en faibles brindilles mal recouvertes, à leurs extrémités, de petites houppes de feuilles courtes et écartées, tandis qu'elles se

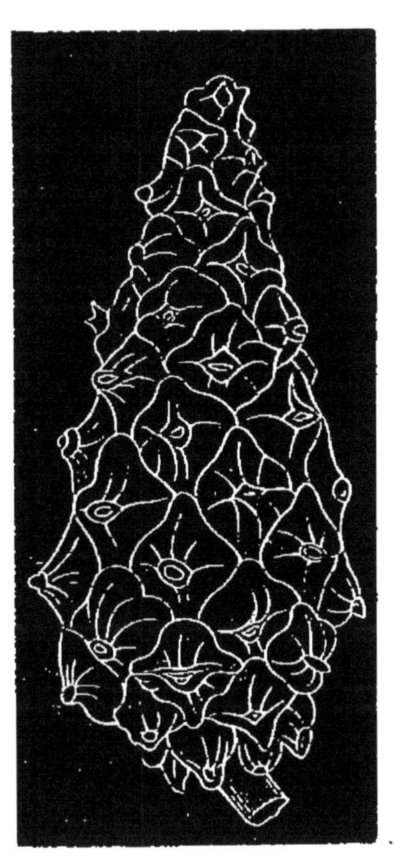

Fig. 27. Cône du Pin Commun.
Grandeur naturelle.

redressent en arcs de cercle dans les verticilles supérieurs et portent leurs feuilles longues et très-appliquées contre le rameau. L'axe de la pyramide, c'est-à-dire la tige de l'arbre, est rarement droit, mais ordinairement flexueux ou même cambré et déjeté, et parfois une vigueur de végétation mal répartie produit un développement exagéré des branches, tant en grosseur qu'en longueur, ce qui rend la cime plus touffue, mais fait disparaître toutes traces de la régularité habituelle aux abiétinées. Cette dernière particularité se rencontre plus ordinairement dans la nuance de *Haguenau*. Lorsque le Pin Sylvestre commun est élevé en massif régulier de futaie dans un sol passable, il peut parvenir à une hauteur de 30 à 35 mètres et prendre un pourtour de 3 à 4 mètres ; il est alors dépouillé de ses branches latérales, qui ne laissent aucune trace sur le tronc, et termine son extrémité en une cime mal garnie, souvent impuissante à protéger le sol par un couvert suffisant. Quand, au contraire, l'arbre se trouve à l'état isolé, sa hauteur dépasse rarement 8 à 10 mètres, et sa ramification n'est gênée par rien dans le développement irrégulier et mal réparti dont nous venons de parler.

L'écorce est épaisse et gerçurée dans tous les sens, mais principalement dans celui de la longueur ; elle est brune sur la surface des écailles formées par la gerçure, et d'un roux fauve autour de leur base ; à une certaine hauteur, les rugosités sont moins prononcées, et la teinte rousse tend à s'équilibrer avec le ton brun qui prédomine dans la partie inférieure du tronc.

Le Pin d'Écosse, très-répandu dans les forêts du nord de l'Europe, se rencontre en France, seul ou mélangé avec le sapin, le bouleau et le chêne, dans les plaines et sur les contre-forts des montagnes du nord et du nord-ouest, comme aussi dans les Pyrénées, immédiatement au-dessous de la zone du sapin, à 1,200 mètres environ d'altitude (1).

Rustique et peu difficile sur le terrain, il s'accommode des sols profonds, siliceux et frais comme du calcaire et de la craie sèche, il développe ses racines, suivant la nature du sous-sol, en pivot vertical ou en radicelles horizontales et traçantes, et prospère sur les versants méridionaux, ainsi qu'à l'aspect du nord, du couchant ou de l'est. Le soleil et le grand air lui sont indispensables ; un léger abri ne lui nuit pas, assurément, dans son extrême jeunesse, mais à la condition de disparaître graduellement dès les premières années.

(1) Mathieu, *Flore forestière*.

Son bois est d'un grain épais, mais élastique et léger; blanc ou jaunâtre dans l'aubier, il tend un peu au rougeâtre dans le duramen ou bois parfait, et sa qualité, en général, correspond assez bien avec l'intensité de cette dernière teinte. Il contient en abondance la térébenthine que distillent de nombreux et larges canaux résinifères. On l'emploie en madriers, planches, bois de fente et pièces de charpente civile ou navale ; on en fait des poteaux télégraphiques et même des mâts, lorsque sa tige possède une rectitude suffisante.

La fructification du Pin Commun est très-précoce, et dès l'âge de vingt ans il peut donner des graines fertiles. Ce n'est cependant pas avant quarante ans que l'on pourra compter sur une fructification régulière. Sa longévité, dans nos climats, n'est pas très-grande, et l'âge de son exploitabilité tombe ordinairement entre soixante et quatre-vingts ans. Il en doit nécessairement aller d'une autre manière dans les contrées septentrionales, où, avec une croissance plus lente, cet arbre parvient à des dimensions plus fortes. Mais chez nous il n'y aurait nul profit à reculer l'âge que nous avons indiqué, et l'on y trouverait, au contraire, l'inconvénient d'appauvrir le sol que les cimes grêles de vieux pins, presque entièrement dépouillés de leurs branches, ne protégeraient plus contre l'action desséchante du soleil.

La coupe d'ensemencement devra être claire, car le jeune plant ne supporte que peu d'abri ; on devra veiller cependant à ne pas exposer les arbres réservés à être renversés par les vents, ni le sol à être envahi par les plantes nuisibles ; l'extraction des souches pour la fabrication du goudron combattra efficacement cette dernière tendance en procurant à la terre un ameublissement partiel très-favorable à la prompte réussite du semis naturel. Lorsque ce dernier aura pris entièrement possession du terrain, la coupe définitive fera disparaître toute la réserve.

Dès qu'un massif de Pins a depassé la première jeunesse, les coupes d'éclaircie doivent donner aux arbres un assez grand espacement, sans quoi le dépérissement, puis la chute des branches s'y produiraient d'une manière hâtive ; or, les Pins ne donnant pas de bourgeons adventifs, comme les conifères de la section *Abies*, la perte prématurée de leurs branches est irrémédiable ; la tige alors, privée de tous moyens d'alimentation atmosphérique ailleurs qu'à son extrême cime, s'allonge sans grossir ; les racines, dont l'équilibre n'est plus maintenu par une action équivalente de l'organisme aérien, se développent sans profit pour l'arbre et à l'épuisement du sol; et dans des conditions aussi anomales, le bois de ces tiges grêles et rachitiques ne mûrira pas, mais restera mou, flasque et sans valeur.

Il ne faudrait pas cependant tomber dans l'excès contraire ; car indépendamment des inconvénients inhérents aux éclaircies trop fortes, un trop grand espacement favoriserait la tendance du Pin d'Écosse à s'étendre en branches au détriment de la tige et de sa hauteur. C'est à l'œil exercé et à la sagacité du praticien de déterminer, suivant l'âge et les circonstances locales de végétation, le point précis en deçà ou au delà duquel l'éclaircie serait mauvaise.

Peu d'essences résineuses se prêtent mieux que le Pin Sylvestre au repeuplement des parties de forêts ruinées et à la mise en valeur des terres incultes. La rusticité de cet arbre, son peu d'exigence sur la qualité du terrain, la résistance du jeune plant aux effets de l'insolation, le rendent précieux pour cet emploi. Suivant que le sol sera pierreux et couvert d'ajoncs, bruyères, genêts, etc ; ou qu'il sera terreux et garni d'herbes épaisses et étouffantes, on recourra au semis ou à la plantation, selon les procédés que nous avons indiqués au troisième chapitre. Exécutés avec soin et intelligence, plantations et semis réussiront presque toujours. La quantité de graines à employer utilement sera de 15 à 16 kilogrammes par hectare.

### (b) Pin de Riga.

Pin Rouge, Pin de mâture, Pin du Nord, Pin de Russie.

Une tige parfaitement droite, des branches, de la base au sommet, nettement ascendantes et souvent *fastigiées*, c'est-à-dire se pressant contre le tronc, en cherchant la verticale à la manière de celles du peuplier d'Italie ; des verticilles réguliers et symétriques ; enfin une écorce d'un gris noir au pied et passant dès un mètre ou deux de hauteur à une teinte rouge jaune très-caractérisée, avec une surface relativement très-unie et un épiderme se détachant en minces écailles comparables à des pellicules : tels sont les caractères auxquels le *Pin de Riga* se distinguera sans difficulté du *Pin d'Écosse* proprement dit. La parfaite rectitude de la tige qui soutient bien sa grosseur, et souvent reste presque cylindrique jusqu'à moitié et plus de sa hauteur ; l'excellente qualité du bois, rouge, homogène, résistant, élastique et léger ; enfin la très-grande élévation que l'arbre peut atteindre, désignaient tout spécialement cette variété à la mâture des navires. C'est elle qui, dans les forêts de la Finlande, du Finmark et de la Scandinavie, par 55, 60 et même 70 degrés de latitude arctique, fournit des mâts à la marine du monde entier; et les pièces que le commerce maritime amène dans nos ports pour le service de la charpente et de la menuiserie sous le nom de *Pin du Nord* ou *de Pin Rouge*, appartiennent au même type.

Transportée dans nos climats, cette forme de Pin Sylvestre y conservera-t-elle ses avantages ou bien dégénérera-t-elle peu à peu pour rentrer dans les qualités ordinaires ou médiocres du Pin Commun, indigène dans nos contrées tempérées ou dans les climats analogues? C'est un point sur lequel des expériences trop récentes encore ne permettent pas de se prononcer. Il est toutefois digne de remarque que des semis faits par M. de Vilmorin avec des graines produites par des Pins de Riga, élevés par lui et provenant eux-mêmes de graines expédiées de Riga et du nord de la Russie, ont donné des plants offrant une analogie prononcée avec les sujets dont ils étaient issus.

La végétation du *Pin du Nord* est plus précoce que celles des diverses nuances de la forme *sylvestre commun;* les bourgeons se développent de huit à quinze jours plus tôt et donnent des pousses d'un vert tendre, ou très-rarement rougeâtres. Les accroissements annuels paraissent être d'autant plus minces que l'arbre a crû sous un climat plus froid, sans que d'ailleurs la végétation en soit moins vigoureuse, car il prospère encore à l'embouchure de l'Ob, en Sibérie, région « où le sol est toujours gelé à 5 mètres de profondeur (1). »

Pour le terrain, l'exposition que préfère le *Pin Rouge*, le tempérament du jeune plant, les exigences de l'arbre, sa fructification, etc., nous renverrons à ce que nous avons dit sur le *Pin d'Écosse*, en observant toutefois que la feuille, moins glauque, moins longue et plus droite, est aussi plus dressée contre la branche : que le cône, plus petit et plus court, est généralement gris, rarement violacé, avec des écailles à protubérances moins saillantes ; enfin, que le bourgeon, qui varie du jaune au rougeâtre, est moins gros et moins résineux que dans la plupart des représentants de la race *Horizontale* (2).

L'éducation en haute futaie d'un massif de Pins de Riga, doit être plus facile que celle du Pin d'Écosse. Les branches, fastigiées ou au moins sensiblement dressées, permettent de serrer plus impunément les massifs, car elles pourront trouver

(1) Erman, *Reise um die Erde*, cité par MM. R. Martin et Bravais dans les *Annales forestières* d'octobre 1843, p. 566.

(2) M. de Vilmorin.

au-dessus d'elles l'air et la lumière, que, plus étalées, elles ne trouveraient point dans l'espace environnant.

Quant aux boisements et repeuplements, nous devons jusqu'à plus ample informé suivre ce qui est dit plus haut du Pin Sylvestre commun.

### (c) Pin de Briançon.

Pin des Hautes-Alpes, Pin de l'Ardèche, Pin de Tarare.

Pour suivre un ordre parfaitement logique, nous aurions dû parler en premier lieu du *Pin de Riga*, et n'arriver au *Pin de Briançon* qu'à la suite immédiate de la nuance intermédiaire, représentée par le *Pin d'Écosse*. Mais nous avons préféré nous étendre d'abord sur ce dernier, parce qu'étant le plus connu, il pouvait plus aisément nous servir de point de comparaison. En arrivant au dernier terme de la gradation, rappelons-nous seulement la manière dont nous en avons modifié l'ordre.

Une tige épaisse, noueuse, ramassée, recouverte d'une écorce grossière et très-gercée, brune dans la partie inférieure, grise sur le reste de l'arbre ; des couronnes horizontales très-rapprochées garnissant l'arbre dès sa base, composées de fortes branches souvent flexueuses qui affament et parfois annulent la tige, et dont l'ensemble forme une tête élargie et diffuse; tels sont les dehors du *Pin de Briançon* ou *des Hautes-Alpes*. On voit par là qu'il est bien au dernier rang parmi les diverses races de son espèce, et que l'on doit dans les créations de bois de Pin éviter ce type. Cette exclusion cependant ne s'étend pas à tous les cas possibles; il en est un où le Pin de Briançon peut non-seulement devenir utile, mais encore meilleur que les autres formes de son espèce; c'est celui où il s'agirait de plantations sur les pentes des hautes montagnes ou sur leurs plateaux exposés à la violence des vents. Son peu de disposition à s'élever, l'épaisseur de sa base, la force de ses branches inférieures qui persistent pendant de longues années, tapissant presque le sol, le rendent plus propre qu'aucun autre des pins sylvestres à résister et à réussir dans de pareilles conditions. Aussi, dans le reboisement des montagnes, le Pin de Briançon peut-il être employé avec grand avantage, conjointement avec le *mugho* : le premier pour garnir la région moyenne des escarpements, le mugho pour la zone supérieure; car ce sont là les places respectives que la nature leur a assignées sur les pentes montagneuses.

Mais, en dehors de cette circonstance, le Pin

des Hautes-Alpes devra être rejeté; et lorsqu'on pourra, pour des repeuplements quelconques, se procurer de la graine de Pin Sylvestre provenant de Riga ou des autres parties septentrionales des États Slaves, il faudra la préférer, parce qu'on aura des chances d'autant plus grandes d'obtenir la meilleure des variétés de Pin Sylvestre, la seule même que l'on puisse considérer comme excellente à tous les points de vue.

## II. Pin a Crochets, Pinus Uncinata.

Pin de Montagne (Pinus Montana). Pin Mugho. — Pin Chétif (Pinus Inops). — Pin Nain (Pinus Pumilio).

Si l'on compare ensemble un *Pin de Riga* et un *Pin à Crochets*, leurs différences se montreront assez tranchées, pour qu'on n'éprouve aucune difficulté à les distinguer. Les lents accroissements du second, ses branches grêles et peu nombreuses, son écorce, grise de la base au sommet, le vert sombre de son feuillage, sont déjà des caractères qui frapperont l'œil le moins exercé et empêcheront toute confusion de l'un à l'autre. En outre, la forme des cônes, d'un tiers plus courts que les feuilles et dont les écailles allongent leur protubérance et la recourbent en arrière à la manière d'un crochet (*fig.* 28) constitue une différence nouvelle et bien tranchée entre ce pin et celui de Riga. Et pourtant une certaine analogie ne leur fait pas défaut : si le Pin du Nord s'élève facilement à 35 ou 40 mètres quand le Pin à Crochets atteint péniblement, en deux cents ans, 20 ou 25 mètres de hauteur avec trois pieds de tour, celui-ci se raproche de celui-là par sa cime peu étalée, élancée et régulière, ses feuilles nombreuses et pressées contre la branche. Mais, de plus, — circonstance remarquable, — de même que le Pin de mâture est le terme supérieur d'une gradation de nuances qui des grâces sveltes et des belles dimensions que son type représente descend aux formes humbles, irrégulières et écrasées du Pin de Briançon ; de même le Pin à Crochets descend, de variétés plus faibles en variétés moindres, au buisson diffus, bas et étalé qu'on appelle *Pin*

Fig. 28. Cône de Pin à Crochets (grandeur naturelle).

*Nain*, *Pinus Pumilio*. — Nous soumettrons à un rapide examen les principales formes de cette deuxième espèce.

(a) PIN A CROCHETS. — Nous avons peu à ajouter à ce que nous venons de dire de ce Pin. Son enracinement se compose de plusieurs branches qui tracent, pivotent ou contournent les obstacles suivant la nature du sol, à laquelle l'arbre est d'ailleurs assez indifférent ; il est peu sensible au choix des expositions et ne redoute rien des plus grands froids, car sa station naturelle est sur les hauteurs des Pyrénées et des Alpes entre 1,500 et 2,500 mètres d'altitude. Le jeune plant, robuste, supporte le couvert beaucoup mieux que le pin sylvestre. Le bois est d'un blanc rosé au cœur, facile à la fente, d'un grain fin et doux, estimé pour la charpente, l'industrie, et, quand il est vert, pour le chauffage. L'extrême lenteur de la croissance de cet arbre diminue d'ailleurs beaucoup l'intérêt que son bois pourrait offrir.

(b) PIN DE MONTAGNE (*Pinus Montana*). Cette variété se fait remarquer par une tige moins droite, des branches plus grosses, plus étalées et une cime moins élancée ; du reste, même couleur uniformément grise ou brune à l'écorce ; même rusticité de l'arbre et du jeune plant qui paraîtrait en outre accuser une certaine rapidité relative de croissance pendant les premières années.

(c) PIN MUGHO. — La description que nous avons donnée de la race inférieure du pin sylvestre, pourrait en beaucoup de points s'appliquer au *Pin Mugho*. C'est un arbrisseau buissonneux, diffus, écrasé dont la hauteur ne dépasse guère 6 ou 8 mètres, mais qui est aisément reconnaissable à ses cônes de forme irrégulièrement ovoïde et dont les écailles prolongent leur protubérance suivant un axe beaucoup plus long que leur base ; ce cône forme ainsi une agrégation de petites pyramides renflées un peu au-dessous du milieu de leur hauteur et dont le sommet tronqué est muni d'une petite pointe en forme de griffe.

Le Pin Mugho que l'on désigne aussi sous les noms de *Pin Suffin* ou *Suffis*, *Pin Crin*, et *Torche-pin* se rencontre sur les plus hauts escarpements des Alpes, immédiatement au-dessus de la zone où s'étendent les massifs du pin de Briançon avec lequel on le confond quelquefois. On le trouve aussi, avec la variété suivante, dans les parties marécageuses des plateaux du Haut-Jura.

(d) PIN CHÉTIF (*Pinus Inops*). — « Ce pin, dit

M. Mathieu, dont les branches rampantes et entrelacées atteignent quelquefois 10 à 13 mètres de long, pour ne se relever que par leurs extrémités, forme souvent, dans les tourbières, des fourrés inextricables dont la hauteur ne dépasse pas celle de l'homme. Il s'élève davantage dans l'Amérique du Nord où il croît même dans les sables arides à l'est de la baie d'Hudson. Il y parvient quelquefois à une hauteur de 10 mètres. »

Le strobile du *Pin Chétif* diffère assez sensiblement de celui du *Pin Mugho*. Il est plus allongé, plus cylindrique ; les petites pyramides formées par les écailles, moins longues que larges, sont munies d'ailleurs d'une pointe en forme de griffe.

(e) Pin Nain (*Pinus Pumilio*). — Le tronc du *Pumilio* ne croît jamais verticalement ; toujours plus ou moins incliné, il est d'ordinaire presque couché sur le sol. Dans cette position, la tige se développe sur une longueur de 3 ou 4 mètres qu'elle dépasse rarement. Très-rameuse dès sa base, elle émet des branches non moins couchées qu'elle, mais qui se redressent cependant à mesure qu'elles sont plus voisines de la cime. Les cônes ovoïdes, ne dépassent pas 35 millimètres, en longueur et 25 en largeur. Leurs écailles, sans griffes ni crochets sont analogues à celles du pin sylvestre. Dans cette variété les feuilles sont couchées contre les jeunes rameaux qu'elles recouvrent entièrement.

Ces types nombreux et variés donnent, à l'état vert, un bon bois de chauffage dont la qualité est due à la présence d'une térébenthine très-fluide qui s'évapore par la dessication.

## III. — Pin Piquant, Pinus Pungens (1804).

C'est dans la chaîne des monts Allégany, au nord de l'Amérique septentrionale, que le *Pin Piquant* se trouve à l'état indigène. Michaux l'avait nommé *Pin de la Table* parce qu'il abonde sur les flancs de la montagne de ce nom. C'est un arbre de troisième grandeur qui ne dépasse pas 12 à 15 mètres d'élévation et dont la tige, très-rameuse dès la base, offre plutôt l'aspect d'un haut buisson que celui d'un arbre proprement dit. Il doit son nom à ses cônes dont les écailles se terminent en pointes acérées et légèrement re-

Fig. 29. Cône de Pin Piquant. 1/4 des dimensions naturelles.

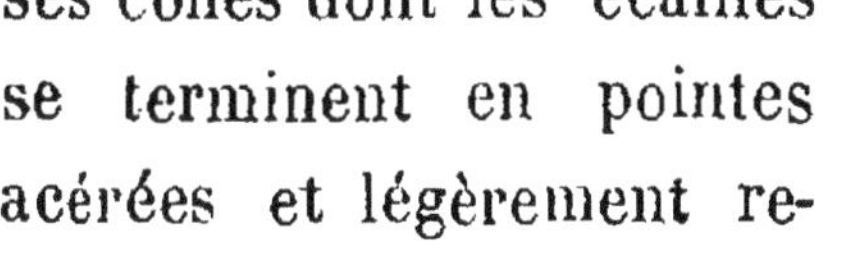

courbées en dedans ; leur forme est celle d'un ovoïde allongé, mais renflé vers la base et qui aurait environ 0$^{m}$, 08 de longueur sur 0$^{m}$, 05 dans la plus grande largeur (*fig.* 29). Dépourvus de pédoncule ou queue, d'une couleur jaunâtre, ils sont ordinairement réunis sur le rameau par groupes de 3 ou 4.

Bien qu'il existe dans nos cultures depuis 1804, ce pin est peu répandu. Il n'offre guère en effet qu'un intérêt de curiosité ; comme ornement son mérite est nul, comme croissance ou qualités industrielles cent autres le valent.

### IV. — Pin de Banks. (Pinus Banksiana).

Pin d'Hudson, Pin des Roches, Pin Divariqué.

Un cône recourbé en forme de croissant (*fig.* 30) et des feuilles s'écartant l'une de l'autre à partir de la gaine, tels sont les caractères qui permettent de faire du *Pin de Banks* une espèce différente du pin contourné dont les cônes sont droits et les feuilles rapprochées deux à deux. Les feuilles du *Pin des Roches* ( P. Rupestris ) sont d'ailleurs roides, coriaces, d'un vert grisâtre et terne, de 20 à 30 millimètres de long comme celles du précédent.

Ce n'est qu'un buisson bas, chétif et rampant, tout au plus un arbrisseau de cinq à dix pieds de hauteur qui, dans un bon sol et des conditions particulièrement favorables, peut atteindre six à huit mètres. Cependant le docteur Richardson en parle comme d'un arbre agréable quand il croît dans une situation avantageuse; Douglas en a trouvé des exemplaires fort gros sur les hautes berges des rives du Columbian et dans les vallées des montagnes Rocheuses. On le trouve aussi dans la Murcie, la Nouvelle-Ecosse et dans les pierreuses contrées du Labrador.

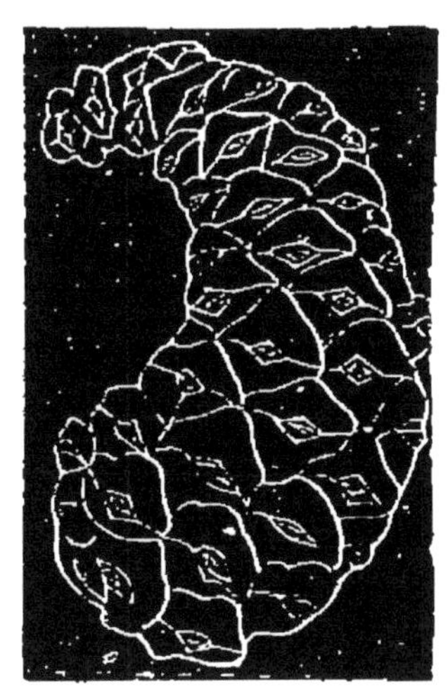

Fig. 30. Cône de Pin de Banks. Grandeur naturelle.

## V. — Pin Maritime. (Pinus Pinaster).

Pin Pinastre, Pin de Bordeaux, Pin des Landés, Pin Majeur, Pin de la Nouvelle-Zélande, Pin d'Australie, Pin de Sainte-Hélène, Pin de Chine, Pin du Japon.

Le *Pin Maritime* n'est pas de ceux que nous recommanderons comme arbre d'ornement. Rarement sa tige est droite ; mais elle se contourne souvent dans tous les sens, soit par l'effort des vents, soit par la fréquente destruction de son bourgeon terminal qu'une branche latérale ne remplace qu'imparfaitement. Les feuilles, épaisses, longues de 15 à 20 centimètres, d'un vert jaune et sale, sont d'ailleurs peu fournies et ne donnent qu'un faible ombrage. L'écorce, noirâtre de la base au sommet, est toute formée d'écailles sombres et ternes. Les branches, minces, étalées, défléchies même, excepté au haut de la cime, s'épuisent promptement ; et, bien plus vite dénudé que le pin d'Écosse, le *Maritime* présente à un plus haut degré les inconvénients que nous avons signalés sous ce rapport dans son congénère.

Les fleurs et les fruits du *Pin des Landes* sont d'un aspect plus agréable que la plante elle-même. Les chatons mâles sont réunis en grappe serrée d'une belle couleur fauve, à la base du bourgeon terminal de la cime des branches ; les femelles, d'une teinte rougeâtre, sont réunies par verticilles de trois ou de quatre et quelquefois par agglomération de trente, quarante et plus au sommet de la pousse de l'année : elles deviennent, par la maturation, des cônes longs moyennement de 12 à 15 centimètres, sur 50 à 60 millimètres de largeur à la base ; à moins que leur trop grande ... de même point n'ait nui au développement ... de quelques-uns d'entre eux. Ces cônes sont revê-

Fig. 31. Rameau et cône de Pin Maritime, au 1/16 des dimensions naturelles.

tus d'écailles très-régulières en forme de pyramides, assez fortement adhérentes entre elles et d'une nuance jaune brun lustré très-agréable à l'œil. Le sommet de ces petites pyramides est muni d'un mamelon souvent terminé en pointe. Ces cônes sont inclinés vers le sol (*fig.* 31), et grâce au pétiole coriace qui les unit au rameau, ils persistent longtemps sur la tige après la dissémination des graines.

Si le *Pin Maritime* offre peu d'intérêt pour l'ornementation des propriétés de luxe, il en présente un très-grand au point de vue de l'utilité. Rustique et robuste il s'accommode des sols les plus rebelles à toute culture, même forestière ; dans le sable mouvant des dunes que le vent des mers Atlantiques chasse sur nos côtes, il enfonce profondément le pivot de ses racines dont les branches latérales s'étendent honrizontalement à une grande distance. Sa croissance est des plus rapides, sa végétation vigoureuse, et les volumineux canaux à résine qui traversent l'intérieur de son tissu ligneux en font le plus résineux de tous les conifères. Son bois, jaune pâle à l'aubier, est rougeâtre au cœur ; la fibre en est grossière et dure ; il est lourd et sans souplesse. On l'emploie cependant à la charpente, à la menuiserie, à la fabrication des caisses d'emballage, et le combustible qu'il fournit est, à un degré moindre que le bouleau, recherché des boulangers. Mais son produit le plus important consiste dans les substances résineuses qu'on en extrait et qui, dans plusieurs de nos départements de l'Ouest, font la base d'une industrie considérable dont nous parlerons dans un chapitre spécial.

L'espèce de mutilation que subit périodiquement et à intervalles rapprochés le *Pin Maritime* pour l'extraction de sa résine contribue sans doute à l'irrégularité et au peu de coup d'œil de son port et de sa tige ; et les plants provenant de graines recueillies sur des arbres soumis depuis plusieurs générations à ce mode de torture, doivent s'en ressentir dans leur croissance. Car en dehors de cette influence, on voit encore des Pins Maritimes filer droit, étaler régulièrement les étages de leurs verticilles pour former une cime pyramidale et élancée, et finalement parvenir à une hauteur de 25 à 30 mètres sur 10 à 12 pieds et plus de circonférence. Les arbres de cette essence forment, sous le nom de *Pineraies*, *Pinadas*, ou *Pignados*, d'importantes forêts dans les Landes, le Bordelais, tout le long du littoral atlantique, jusqu'au Mans et même en Bretagne. Les côtes de la Méditerranée, les montagnes d'Espagne, du Portugal, de la Corse, des Apennins; les rivages de la Turquie, de la Grèce, de l'Italie, de la Vénétie, voient croître naturellement le *Pin Maritime* ; et si nous sortons de l'Europe, nous le retrouverons sur plusieurs points du

Maroc et de l'Algérie, comme dans le Japon, la Chine, l'Inde, l'Australie et la Nouvelle-Zélande. On le voit, peu de conifères ont des stations aussi nombreuses et aussi étendues; en montagne il s'élève fréquemment à 1,000 mètres d'altitude supramarine et, comme partout, y fuit les terrains calcaires pour rechercher de préférence les sols légers et siliceux.

La fructification du *Pin Maritime* est très-précoce; dès vingt ou vingt-cinq ans il donne des graines fertiles et sa fécondité est ordinairement annuelle.

L'âge d'exploitabilité varie suivant les climats; il tombe entre quatre-vingts et cent ans dans le Midi; et sur le littoral de la Méditerranée. Dans les départements de l'Ouest et du Nord-Ouest il ne dépasse guère soixante ans. Le jeune plant étant très-robuste et réclamant impérieusement une large part d'air et de soleil, la coupe d'ensemencement devra être très-espacée et très-claire, le fort enracinement des arbres adultes leur donnant d'ailleurs assez de puissance pour résister aux vents les plus violents. Dès que le sol sera suffisamment recouvert de semis naturel, on procédera sans transition à la coupe définitive en abattant toute la réserve. La jeunesse se développera avec une grande rapidité; dès l'âge de dix ans, six ou huit ans quelquefois, il y aura lieu de procéder à la première éclaircie, et les éclaircies suivantes se succéderont à des intervalles très-rapprochés. Il est vrai que nous faisons abtraction ici du *gemmage* ou *résinage*, opération dont nous dirons quelques mots à la fin de cet ouvrage et qui devenant souvent la source des produits les plus importants du Pin Maritime, subordonne nécessairement à ses exigences l'exécution des exploitations proprement dites.

La propagation du Pin Maritime est une des plus faciles. Son extrême fécondité rend la graine très-peu chère et permet de l'employer à forte dose, ce qui est toujours avantageux : une quantité de 30 à 35 kilogrammes à l'hectare n'a rien d'exagéré. Il faut que le sol soit un peu ameubli à la surface pour que la graine germe avec facilité et, sauf dans les sables brûlants des dunes, que rien ne prive le jeune plant des ardeurs bienfaisantes du soleil.

Dans cette arène mobile que les vents de la mer amoncellent en collines voyageuses à la force accumulée desquelles rien ne résiste, et qui de Bayonne à Dunkerque, comme sur les côtes de Provence, transformeraient peu à peu notre littoral en une longue zone saharienne, des semis de *Pin Maritime* mélangé avec le genêt et le roseau des sables, ne tardent pas à changer ces vagues poudreuses en terre affermie, en coteaux fixes, en sol productif. Des clayonnages en pieux entrelacés avec des branchages, ou composés de gerbes de bruyères superposées que le vent recouvre de monticules de sable provisoirement maintenus par la résistance que ces gerbes ou ces pieux leur opposent, sont disposés d'abord de manière à opposer une barrière à l'incessant envahissement du flot sableux. Derrière cet abri et contre son flanc même, du côté opposé à celui qui reçoit le vent, la graine est répandue à la volée, puis recouverte de broussailles, de bruyères et de menus branchages de toute espèce dont le pied est tourné vers le vent pour empêcher la dispersion du semis par le soulèvement des sables; quelques pelletées de ces mêmes sables, uniformément répandues sur ce lit de ramilles suffisent à le maintenir. Grâce à ces deux ordres de précautions, les semis peuvent lever en paix sans être dispersés par la rafale ou engloutis par les progrès de la dune ; les plantes associées au Pin Maritime, en se développant d'abord plus rapidement que lui, donnent à ses tiges naissantes un premier abri, utile en un sol aussi brûlant. Bientôt celles-ci prennent leur essor et ne tarderont pas à rendre avec largesse à ces plantes protectrices l'abri momentané qu'elles lui auront fourni, et l'œuvre de fixation de la dune sera accomplie. Une autre année la même opération sera exécutée sur un emplacement voisin, et c'est ainsi que de proche en proche le désert implacable se transforme en verdoyantes oasis.

L'époque du semis ne doit pas être trop voisine des grandes chaleurs et des sécheresses. Il est bon de les commencer à la fin de l'été pour les continuer pendant l'hiver lorsque la température est douce, et de les terminer aux premiers jours du printemps; la graine confiée à un sable chaud lève aux premières pluies et le plant a déjà pris une certaine force lorsque le soleil, du haut de l'horizon, darde ses rayons les plus ardents.

Comme dans tous les repeuplements ou boisements possibles, de partiels insuccès contrarient plus ou moins la marche régulière des opérations, et l'on doit s'occuper des *regarnis* sur les points où les semis, pour une cause ou pour une autre, ont manqué. De nouveaux semis dans des potets creusés à la bêche, des repiquements de jeunes pins élevés dans de petites pépinières *volantes* ou temporaires, disposées de place en place au milieu des dunes suffisamment protégées, permettent de faire face aisément à ces nécessités. Dans ces terrains exclusivement composés d'un sable presque impalpable, il est toujours facile d'éviter la rupture des racines et de planter dans les conditions désirables que nous avons indiquées au chapitre III.

## Variétés du Pin Maritime.

Au pin que nous venons d'étudier se rapportent quelques formes particulières de la même espèce. En outre plusieurs autres pins très-voisins dont certains auteurs ont fait des espèces distinctes, sont considérés par d'autres comme de simples variétés. Pour rester fidèle à notre système et employer toujours dans la nomenclature le plus de clarté et de simplicité possible, nous adopterons l'opinion de ces derniers pour passer en revue tous les pins qui se peuvent rattacher au *Pinaster*.

(*a*) *Pin Majeur*. — C'est le nom par lequel on distingue le type de l'espèce que nous venons de décrire, des autres formes dont nous allons parler.

(*b*) *Pin Mineur*, *Pinceau*, *à Trochets*, *du Mans*. — Cette variété ne diffère de la précédente que par des dimensions générales un peu plus faibles, des feuilles moins longues et des cônes de moitié plus courts et beaucoup moins gros.

(*c*) *Pin d'Hamilton, d'Aberdeen* ou de *Corte*. — Feuilles d'un vert plus pâle, cônes plus courts et de forme plus ovoïde, tige *droite*, élancée et vigoureuse. Cette variété a été indiquée, en 1825, par le comte d'Aberdeen ; M. Risse l'a trouvée à Nice et M. Vétillart, plus récemment (1834), aux environs de Corte, en Corse.

(*d*) *Pin de Lemoine*. — Ne parlons que pour mémoire d'une variété sans aucun intérêt : buisson rabougri et tortueux, aux branches rameuses et serrées, dont la hauteur ne dépasse pas 5 ou 6 mètres et qui paraît avoir avec le *Pin Maritime* proprement dit le même rapport que le Pin de Briançon avec le Pin de Riga.

(*e* et *f*) *Pins de Masson* et *Densiflore*. — Un humoristique anglais qui cache son nom sous le pseudonyme de Johannes Senilis (1) prétend que si l'on a fait des *Pins de Masson* et *à fleurs pressées*, des espèces différentes du prototype *Pinaster*, cela

(1) *Pinacæ: being a Handbook of the firs and pines, by J. Senilis.*
London : Hatchart and Co. 187 Picadily. — 1866.
Depuis que le présent opuscule a été livré à l'éditeur et mis sous presse, M. Carrière a fait paraître la seconde édition de son vaste et scientifique traité. — Il n'a pas cru devoir observer la même réserve que nous, et il donne en toutes lettres le nom véritable de l'auteur du *Pinacæ*.

tient à ce qu'on a pris pour des caractères fondamentaux des différences d'aspect obtenues par les nombreux artifices de culture qu'emploient dans l'éducation de leurs conifères les Chinois et les Japonais, chez lesquels ces pins ont été observés. Mais ce sont là, d'après notre auteur anonyme, des attrape-nigauds au moyen desquels les honnêtes Asiatiques font miroiter aux yeux des voyageurs généreux et dont la bourse est bien garnie, la même essence sous cent noms différents. Pour lui, les soi-disant espèces dites de *Masson* et *Densiflore* ne sont que des variétés du Pin Maritime. C'est du reste également l'opinion, au moins en ce qui concerne le premier de ces pins, de Loudon et de Gordon.

La suie qui provient de leur combustion sert à la fabrication de l'encre de Chine commune.

## VI. PIN LARICIO (*Pinus Laricio*).

a. Pin de Corse (Corsica). — b. Pin de Calabre (Calabrica). — c. Pin noir d'Autriche (Nigra Austriaca). — d. Pin de Tauride (Taurica), de Caramanie ou de Pallas.

On a observé que les manières d'écailles dont se compose l'écorce extérieure des pins de l'espèce

*Pinaster* et de l'espèce *Laricio* s'imbriquent les unes sur les autres en suivant des directions spirales. Dans la première, ces spirales sont triples ou quintuples suivant qu'on les considère de droite à gauche ou de gauche à droite; elles sont triples seulement en l'un ou l'autre sens dans le *Laricio*(1). L'écorce de ce dernier est d'un gris argenté, s'exfolie en plaques rouges ou violettes et parvient à une épaisseur assez forte.

Nous diviserons cette espèce en deux groupes: 1° les Laricios proprement dits, c'est-à-dire le *Pin de Corse* ou de *Poiret* (Pinus Corsica, Poiretiana), et le *Pin de Calabre* ou *Serré* (Pinus Calabrica, Stricta); 2° les *Pins Noirs*, comprenant le *Pin d'Autriche* ou de *Hongrie* (Pinus Austriaca) et le *Pin de Pallas*, de *Tauride* ou de *Caramanie* (Pinus Pallasiana, Taurica, Caramanica).

### (a) PIN LARICIO DE CORSE (*Pinus Corsica*).

Aussi droit de tige que le sapin ou l'épicéa, le Pin de Corse parvient comme eux aux plus belles dimensions. 30 à 40 mètres de hauteur avec trois ou quatre mètres de circonférence ne sont

(1) Loiseleur-Deslonchamps dans *Le nouveau Duhamel*.

pas chose rare chez ce pin lorsqu'il est parvenu à son maximum de croissance; et dans des conditions particulièrement favorables, on en trouve des sujets qui balancent à 140 ou même 150 pieds au-dessus du sol les rares branches composant leur cime aplatie. Cet arbre se rencontre non-seulement en Corse, mais en Sardaigne, en Sicile, dans les Apennins, l'île de Crète, la Grèce et l'Espagne : son altitude, dans ces méridionales contrées, varie de 1,000 à 1,700 mètres; les feuilles un peu moins longues que celles du Pin Maritime (0m 10 à 0m 15 c.), sont plus déliées, contournées souvent, d'un vert plus franc et plus foncé, et d'ailleurs très-peu nombreuses; la tige, très-cylindrique et soutenant sa grosseur mieux que la plupart des autres pins, perd rapidement ses branches inférieures lors même qu'il croît à l'état isolé. En sorte que, pauvre en branches et pauvre en feuilles, le *Pin de Corse* ne fournit qu'un ombrage extrêmement léger. Ses racines sont à la fois pivotantes et traçantes, mais d'une manière moins marquée que chez le Pin Maritime, surtout en proportion de la longueur de la tige. Elles s'accommodent de toute espèce de sols et préfèrent ceux qui sont frais et composés d'argile et de rocaille; mieux que les espèces précédentes elles végètent dans les terrains crétacés et calcaires dans lesquels le Pinaster ne peut vivre.

Les cônes, longs de 50 millimètres environ sur une largeur moindre de moitié croissent isolés (*fig.* 32) ou par paires, et dans ce dernier cas, opposés par la base; ils sont horizontalement placés, après avoir été dressés au moment de la floraison.

Fig. 32. Cône de Pin Laricio.
Quart des dimensions naturelles.

Les bourgeons sont allongés, pointus et chargés de résine; ils permettent, indépendamment des autres caractères, de reconnaître aisément le *Pin de Corse* de tout autre.

L'aubier ou la partie du bois nouvellement formée est jaunâtre et de mauvaise qualité; le bois mûr, appelé aussi *cœur* ou *duramen*, est rosé, rouge ou tirant sur le brun; il est parcouru par des vaisseaux résinifères remplis d'une térébenthine épaisse qui répand dans le tissu ligneux des vapeurs résineuses auxquelles il doit une grande dureté.

Ce bois a le grain fin, serré et dur. La tige donnant ordinairement les 5/6 de sa hauteur en bois de service, l'arbre peut acquérir une grande valeur industrielle lorsqu'il est parvenu à un âge avancé ; plus jeune, il n'aurait pas la même importance, en raison de la place considérable qu'occupe alors l'aubier.

Bien qu'il soit trop lourd et trop peu élastique pour être avantageusement employé à la mâture, on en fait usage cependant dans la construction des carènes de navires ; il s'emploie aussi dans la charpente des bâtiments civils, et se débite en planches et en madriers pour la menuiserie.

Introduit dans le nord de la France et sous le climat de Paris, le Pin de Corse paraît y bien réussir. C'est donc un arbre d'avenir que recommandent la rectitude de sa tige, la rapidité de sa croissance, la rusticité de son tempérament et sa facilité à croître dans les sols calcaires.

Sans cette circonstance que l'aubier est très-épais dans le *Pin Laricio* et ne se restreint que lorsque l'arbre est parvenu à un âge suffisamment avancé, on pourrait fixer le terme de son exploitabilité à 70 ou 80 ans ; car alors il atteint souvent 30 à 35 mètres de tige et près de 2 mètres de circonférence, dimensions qui permettent déjà tous les emplois désirables. Mais il importe de laisser mûrir le bois le plus nouvellement formé pour qu'il acquière les qualités du bois parfait ; et cette circonstance obligera de reculer l'âge d'exploitabilité jusqu'à 100, 110 et même 120 ans.

Le mode de traitement sera le même que pour le pin d'Écosse, les exigences de ces deux essences étant à peu près pareilles. On tiendra compte de ce fait qu'avec ses feuilles peu nombreuses et ses rares branches, le Pin de Corse protége moins encore le sol que le Pin Sylvestre, et même que le Pin Maritime ; comme il paraît ne pas souffrir autant que le premier de la chute de ses branches, il sera peut-être bon, pour ces deux motifs, de serrer un peu plus les coupes d'éclaircie.

De même que le pin commun et le pin maritime, le Pin de Corse est ce que les Allemands appellent un *arbre de lumière*, c'est-à-dire un arbre qui exige impérieusement une large part au soleil et ne supporte point l'ombre et le couvert. Il ne demande conséquemment que très-peu d'abri dans sa jeunesse, et si l'on voulait le reproduire par semis en grand, il faudrait procéder exactement comme pour le Pin Sylvestre. Mais comme la graine en est assez chère, on préfère généralement le semer en pépinière pour le propager ensuite par voie de plantation. Nous n'avons, à cet égard, rien de particulier à ajouter à ce que nous avons dit précédemment.

### (*b*) PIN LARICIO DE CALABRE.

Toutes les qualités du *Pin de Corse*, rectitude et hauteur de la tige, élégance du port, rapidité de la croissance, rusticité, tout cela se retrouve au même degré dans le *Pin de Calabre*. Ce dernier se distingue par ses feuilles plus longues et plus déliées (15 à 20 cent.), par sa cime élancée et formée de branches non plus grosses et étalées, mais au contraire fines, dressées et pressées contre la flèche. La ramification est du reste partout disposée en verticilles parfaitement réguliers, arrondis en arcs de cercle et dressant leurs extrémités. Il est présumable que, pour les qualités du bois, le *Calabrica* ne le cède point au *Corsica*. Toutefois, introduit chez nous depuis 1820 seulement, il n'a pas encore été l'objet d'expériences qui permettent de constater ses qualités ligneuses.

### (*c*) PIN NOIR D'AUTRICHE.

Pinus Nigra, Pinus Nigricans, Pin de Hongrie.

Pour n'être pas tout à fait les mêmes que celles

des Pins de Corse et de Calabre, les qualités du *Pin d'Autriche* ne laissent pas que de les égaler, si même elles ne les surpassent. A la vérité, la remarquable rectitude de la tige des Laricios proprement dits manque au Laricio de Hongrie, presque toujours contourné plus ou moins sous le poids de ses épaisses et nombreuses feuilles, que portent des branches puissantes, robustes et disposées en verticilles pressés et réguliers. Mais une cime ample et touffue, dont la verdure sombre dessine une pyramide ovoïde qu'embellissent les reflets brun doré de ses cônes, donne à cet arbre un aspect de beauté plantureuse d'un caractère tout autre que la grâce élancée du Pin de Corse, mais dont le mérite est au moins équivalent. Aux approches de la vieillesse, cette cime s'aplatit de plus en plus; et si l'arbre repose sur un sol sans profondeur, elle finit par s'étaler du haut en se dénudant du bas, de manière à former le parasol, exactement comme le *Pin d'Italie* dont nous aurons bientôt à nous occuper. Dans ce dernier cas, la hauteur n'est pas ordinairement très-grande; si même le sol est un rocher nu dans les maigres fissures duquel les racines auront dû trouver à la fois leur nourriture et l'assiette de la tige, notre arbre pourra descendre aux conditions d'un simple arbrisseau et ne pas dépasser quelques mètres de hauteur. Mais n'est-ce pas un mérite de plus que de végéter, même dans ces conditions modestes, sur le roc aride où vraisemblablement nul autre conifère ne pourrait vivre ? -- Dans un sol au contraire de qualité ordinaire, surtout si l'élément calcaire y domine, le Pin d'Autriche peut parvenir à 25 ou 30 mètres de hauteur avec un pourtour de 3 à 4 mètres. Les feuilles, d'une longueur de 8 à 10 centimètres, un peu plus courtes par conséquent que celles du *Corsica*, sont roides et droites, très-serrées, ne se contournent point, et leur couleur est beaucoup plus foncée. Elles forment avec la ramification, elle-même abondante et serrée pendant la jeunesse et l'âge moyen, un couvert très-épais, et fournissent au sol d'abondants détritus. Les cônes ont une teinte d'un brun jaunâtre et lustré, analogue à celle des cônes du Pin Maritime et du Pin de Corse ; leurs écailles ont la même disposition et la même forme pyramidale avec un petit piquant au sommet; mais un peu moins grands que les cônes du pin de Bordeaux, ils dépassent légèrement les dimensions de ceux du *Laricio* proprement dit, et sont un peu plus recourbés du sommet en même temps que placés comme eux horizontalement sur le rameau. L'écorce de la tige est épaisse et d'un gris foncé tirant sur le brun. Les racines, composées d'abord d'un pivot qui s'oblitère promptement, se développent ensuite en une abondante ramification qui trace au loin et s'insinue dans les moindres fissures de la roche.

On trouve le Pin Noir croissant spontanément de la basse Autriche au pied des Alpes, où il forme à lui seul de vastes forêts. On le rencontre dans les montagnes de la Styrie, de la Carinthie, de la Croatie et du Banat ; dans la Moravie, la Galicie, la Transylvanie et les vallées du Schneeberg. Son altitude la plus élevée ne dépasse pas 1,400 mètres. C'est un arbre rustique et frugal qui préfère à tous autres les sols calcaires et dolomitiques, circonstance que nous n'avons pas encore rencontrée ; car si le Pin de Corse peut réussir dans les terrains de cette nature, ce n'est pas à titre de préférence, tandis que le Pin d'Autriche paraît, au contraire, en avoir la spécialité. Aussi, depuis quinze ou vingt ans qu'on le cultive dans les arides et crayeux terrains de la Champagne-Pouilleuse, a-t-on obtenu, partout où on l'a introduit, les résultats les plus inespérés et les plus encourageants. Écoutons les renseignements précieux que donne à cet égard M. J. Frérot, propriétaire sylviculteur à Aussonce (Ardennes) :

« Le Pin Noir d'Autriche peut supporter les climats les plus froids de la France. Il se plaît aussi bien dans les pentes que sur les plateaux, et toutes les expositions lui sont bonnes (1). Il réussit mal dans les terrains humides, quelque fertiles qu'ils soient, tandis qu'il s'accommode des plus mauvais sols, pourvu qu'ils soient secs, siliceux ou calcaires. Il déploie le plus grand luxe de végétation dans le calcaire alpin répandu dans le *Steinfeld*, entre Vienne et Neustadt, où le Pin Sylvestre ne végète que misérablement. Il donne même de beaux produits sur les sols où aucune végétation ne s'est jamais montrée, où aucune espèce d'arbre n'a jamais pu croître. C'est ainsi qu'on le trouve atteignant une hauteur de 15 à 18 mètres, et une circonférence de 1m 50 dans des pierres calcaires à peine recouvertes ou entremêlées de terre maigre et improductive. Nous ne devons donc pas être étonnés de le voir réussir aussi admirablement dans notre terrain crayeux de la Champagne, qui a la plus grande analogie avec le calcaire alpin des environs de Vienne (2). »

(1) Néanmoins, d'après M. Joseph Wessely, directeur de l'École forestière à Vienne, il préfère les versants méridionaux et occidentaux et fuit les vallées et les gorges trop étroites.

(2) *Notice sur le Pin noir d'Autriche* employé comme arbre

Ajoutons que ce Pin ne se plaît pas dans l'argile, que le Laricio de Corse affectionne cependant, pour peu qu'elle soit divisée et graveleuse. Aussi, dans les marnes composées d'argile et de craie que l'on rencontre fréquemment en Normandie, le *Pinus Nigra Austriaca* réussit-il moins bien que le *Corsica*. Tandis que dans la rocaille pure et sur des rochers nus mais fendillés, si ces roches et ces galets appartiennent aux formations calcaires, le Pin d'Autriche pourra végéter, à l'exclusion très-certainement du Pin de Corse, comme de tout autre conifère du genre.

Le bois, d'après M. Mathieu, a la fibre plus grosse, plus cassante et moins homogène que celle du Pin Sylvestre, mais il est plus dur, plus lourd, plus résineux et, par conséquent, d'une plus grande durée et d'une puissance calorifique supérieure (1). Comme bois de construction, dit la *Revue des Eaux et Forêts* (2), il est d'une durée remarquable et vient immédiatement après le mélèze de bonne qualité. Les troncs, résineux, sont même en quelque

forestier pour boiser les plaines stériles de la Champagne, par Jules Frérot, propriétaire-sylviculteur.

(1) *Flore forestière.*

(2) Année 1862, article traduit de l'allemand, de J. Wessely, p. 294.

sorte inaltérables et spécialement recherchés pour faire des tuyaux de fontaine, et pour les constructions sous eau. L'arbre fournit aussi des poutres, pieux, pilotis, roues d'engrenage. Sa richesse en résine surpasse, d'après les auteurs allemands, celle de tous les autres conifères européens. Son *gemmage* ou *résinage* constitue, dans la basse Autriche, une industrie importante dont nous dirons quelques mots à la fin de cet ouvrage. Les souches et les racines se convertissent, au bout de quelques années, en *bois gras*, c'est-à-dire qu'elles s'impreignent tellement de résine que le bois en prend une consistance cernée et presque translucide : en cet état, on le divise en petits fragments très-recherchés pour allumer le feu.

La floraison du Pin d'Autriche a lieu au printemps, comme celle de tous ses congénères ; les cônes mûrissent seulement l'année suivante. Toutefois dès l'âge de trente ans, cet arbre produit presque annuellement des graines fertiles, et en donne en abondance tous les deux ou trois ans.

C'est de soixante à quatre-vingts ans qu'il atteint son principal accroissement moyen et que tombe par conséquent son âge d'exploitabilité, bien que sa longévité atteigne aisément deux siècles.

La marche à suivre pour les coupes de régénération est analogue à celle que nous avons indiquée pour les Pins Sylvestre, Maritime et Laricio, en notant toutefois que l'épais feuillage du Pin Noir fournit un couvert épais et un détritus très-riche, que son mode d'enracinement lui donne une assiette des plus solides, toutes circonstances éminemment favorables et qui permettront d'éclaircir largement la coupe d'ensemencement pour passer ensuite sans transition à la coupe définitive, dès qu'un peuplement suffisant aura pris naissance dans le frais et spongieux terreau formé par la décomposition des feuilles.

Dans un tel sol et sous l'influence bienfaisante du soleil et du grand air, cette jeunesse se développera avec vigueur et rapidité. Il sera bon de l'éclaircir fréquemment sans craindre de donner aux jeunes tiges un espacement un peu fort qui leur permette d'étaler à l'aise leur épaisse ramure.

Le mélange des Laricios d'Autriche et de Corse en terrain convenable devrait, nous semble-t-il, produire d'excellents résultats. Le second pourrait ainsi donner ses tiges parfaitement droites sans appauvrir le sol auquel le premier fournirait l'abri, le couvert et l'humus : tous deux se compléteraient ainsi dans une nature de terrain où, presque seuls parmi les innombrables végétaux de leur famille, ils ont la faculté de croître et de prospérer.

Le Pin d'Autriche se propage par semis et par plantation. La graine, plus abondante et moins chère que celle du Pin de Corse, permet d'employer le premier moyen, le seul praticable d'ailleurs sur les roches nues et dans les rocailles que ne relient entre elles aucune terre végétale. Dans ces circonstances, du reste, on ne doit pas s'attendre à réussir toujours aux premières tentatives; quelque aptitude qu'ait la Pin Noir à croître dans des sols secs et arides, encore n'échappe-t-il pas à la loi universelle des végétaux, à qui une dose d'humidité, si faible soit-elle, est indispensable pour vivre. Lors donc qu'on aura soigneusement répandu des graines de ce pin dans les maigres détritus des fentes d'un rocher désert et réverbérant à toute heure du jour les rayons du soleil, il ne faudra pas être surpris, surtout si l'été est sec et sans pluies, de voir manquer un semis fait dans de telles conditions. Mais si l'année est pluvieuse ou simplement moyenne entre le beau temps et l'humidité, le succès couronnera généralement l'audacieuse entreprise.

Pour propager le Pin Noir par plantations, nous ajouterons aux données générales du chapitre III, là recommandation plus particulière d'extraire, toutes les fois que la chose sera possible, le plant avec sa motte et de le planter avec elle. Les terrains calcaires étant ordinairement très-brûlants, on évitera par là le danger de voir les racines se dessécher avant d'avoir eu le temps de s'emparer de leur nouveau terrain, et l'on réussira infailliblement.

La graine du Pin d'Autriche étant généralement de très-bonne qualité, on pourra ne l'employer qu'à même dose en poids que celle du Pin Sylvestre, ce qui représente une quantité moindre environ de moitié, car elle est à peu près double en volume.

### (*d*). PIN DE TAURIDE OU DU TAURUS (Pinus Taurica).

Pin de Pallas, de Caramanie, de la Romagne.

Ce Pin qui habite, dans l'Asie Mineure et la Perse, les montagnes calcaires dont il porte le nom, est tellement voisin du Pin d'Autriche, qu'il est permis de se demander s'il existe entre ces deux variétés d'autres différences que celles de leurs lieux respectifs d'indigénat. Ce qui confirme cette supposition, c'est que cette prétendue forme du Pin Noir a été observée aussi dans les Romagnes. Peut-être les branches inférieures du *Pin du Taurus* sont-elles plus longues et plus étalées; la hauteur de la tige, un peu moindre, ne dépasserait pas la longueur des branches de la base, et les cônes, un peu plus forts atteindraient 10 à 12 centimètres de long sur 40 à 45 millimètres d'épaisseur. Mais ces différences, qui paraissent être les principales, peuvent être attribuées surtout à la différence même des contrées; et vraisemblablement les arbres qui proviendraient d'un semis de graines mélangées de ces deux pins, ne pourraient être distingués les uns des autres.

Nous ne pouvons donc que renvoyer, de point en point, pour la monographie du Laricio de Tauride, à celle que nous venons de donner du Laricio d'Autriche.

## VII. PIN D'ITALIE (Pinus Pinea).

Pin Pinier, Pin Pignon, Pin Parasol, Pin Bon, Pin Cultivé (sativa), Pin de pierre, Pin Franc, Pin Domestique, Pin de Crète.

Le port et l'aspect du *Pin d'Italie* ne ressemblent guère à ce que nous avons étudié jusqu'à présent. Quand il est parvenu à ses plus belles dimensions, cet arbre représente un gigantesque parasol qui, au sommet d'une hampe cylindrique de 30 mètres de hauteur sur 5 ou 6 mètres de tour, étendrait sur une circonférence de 90 mètres l'immense ombelle de ses branches et de ses rameaux aux feuilles longues et bleuâtres. La tige est nue et recouverte d'une écorce rousse, crevassée et assez unie entre les gerçures; elle ressemble à celle du Pin d'Écosse (1). Sur les rameaux cette écorce, qui conserve longtemps l'empreinte des feuilles après leur chute, semble hérissée d'écailles.

A un âge avancé, le *Pin Parasol* porte des cônes ou pignons longs de 15 centimètres sur 8 ou 10 de grosseur, et d'une forme parfaitement ovoïde : ces strobiles comptent après ceux des Pins de Coulter, de Sabine, de Lambert, de Devon, Filiforme, et les cônes d'Araucaria, parmi les plus volumineux que portent les arbres verts. Ils mettent trois ans à acquérir leurs dimensions normales et leur maturité; leurs écailles se creusent à la base en deux loges dont chacune contient une sorte de petite noisette oblongue munie d'une aile courte et fai-

(1) D'après Poiteau, dans la *Maison rustique du dix-neuvième siècle,* l'écorce du Pin Pinier, à un certain âge, présente des stries en hélice qui indiqueraient que le bois de son tronc est tors, ce qui lui donnerait une grande force.

blement adhérente. Le *testa* ou enveloppe de cette graine contient une amande comestible et recherchée ; il est ordinairement très-dur, mais on trouve en Italie une variété de *Pin Pinier* dont la graine est munie d'un testa fragile qui se brise sous une légère pression des doigts : c'est la variété *à coque tendre.*

Les dimensions que nous avons indiquées plus haut, en donnant la description du *Pin Parasol*, ne sont pas toujours atteintes par ce conifère. La dimension moyenne de sa tige est de 15 à 18 mètres de hauteur avec trois mètres environ de circonférence, et l'envergure de la cime offre assez habituellement un diamètre égal à la longeur de la tige. Les racines sont très-fortes et s'enfoncent à une grande profondeur dans le sol.

Habitant de tout le littoral de la Méditerranée, cet arbre, hôte de notre Provence, ornement des plus beaux paysages de la belle Italie, se rencontre encore dans la Gironde et les Landes, en Algérie, en Espagne, en Crète, dans les Carpathes, dans quelques parties de l'Asie, et comme arbre cultivé, jusqu'au Chili. En montagne, son altitude ne dépasse pas 500 mètres, et il paraît préférer les plaines et les vallées, principalement les bords de la mer et les cours d'eau ; du reste le *Pin Parasol* n'est pas à proprement parler un arbre forestier, car la forme de sa cime lui interdit la croissance en massif. Dans toute la Provence, il ne croît qu'isolément ; on l'y considère comme arbre fruitier. En Algérie, on le rencontre dans les forêts ; mais alors il tend toujours à dominer les arbres qui croissent en mélange avec lui pour étendre à l'aise au-dessus d'eux sa large cime.

« Le bois de ce pin, dit M. Mathieu, est léger, souple, résistant, à grain fin ; il est blanc, légèrement rougeâtre au cœur, peu résineux et fournit de la charpente de première qualité. » La marine turque l'emploie pour les bordages des navires et même quelquefois, dit-on, pour la mâture. On en fait des planches et des corps de pompes. Au feu, ce bois donne un chauffage médiocre, éclate en brûlant et se consume avec rapidité.

Les lieux d'indigénat du *Pin d'Italie* indiquent suffisamment qu'il est un arbre de climats chauds. Cependant on le cultive sous le climat de Paris avec assez de succès pour y faire arriver ses fruits à parfaite maturité : il demande à être abrité durant sa jeunesse contre les vents froids ; car pendant les hivers rigoureux, le hâle et la bise détruisent souvent l'extrémité de ses dernières pousses, mal abritées à la suite d'une croissance qui s'est maintenue fort tard pendant l'été précédent. La végétation, au moins dans les premières années, est assez rapide ; le jeune plant ne dessine pas immédiatement la disposition ombelliforme que nous avons décrite ; il représente d'abord une touffe de verdure plus ou moins compacte et cylindrique: peu à peu les branches inférieures se déssèchent et tombent ; puis la séve, en se portant avec autant de force dans chacun des bourgeons latéraux que dans le bourgeon central, produit à la longue la forme étalée et élargie de la cime. L'arbre est du reste susceptible d'une longevité très-grande.

Le *Pin Parasol* n'a pas encore été, que nous sachions, multiplié sur une échelle de quelque importance en dehors de nos départements méridionaux. Si l'on désirait tenter de le propager comme rbre forestier, nous n'hésiterions pas à proscrire la plantation et à conseiller exclusivement le semis. Il n'existe pas, à notre connaissance, d'arbre aussi difficile et aussi rebelle à la transplantation que le *Pin Pinier* ; à moins d'avoir élevé le jeune plant en pot et de le planter à demeure en brisant le pot sans désagréger la motte de terre que renfermait ce vase, on n'a jamais grande chance de voir le plant reprendre. Bien mieux, si le jeune brin, venu de semis en pleine terre, n'était pas enlevé avec une large motte et entouré des précautions les plus minutieuses, on aurait la certitude de le voir périr.

Au contraire la graine, quand elle est de bonne qualité, lève très-facilement dans toute terre légère ou sableuse, pourvu qu'elle soit un peu fraîche. Comme cette graine est grosse et entourée d'une enveloppe osseuse et dure, le semis à la volée serait insuffisant pour assurer sa germination. Le mode qui semblerait préférable serait le semis par potets : on répandrait dans chaque potet quatre à cinq graines très-espacées que l'on recouvrirait de cinq à six millimètres de terre.

## DEUXIÈME GROUPE. — PINS A 2 ET 3 FEUILLES.

### VIII. PIN D'ALEP (Pinus Halepensis).

Pin de Jérusalem, Pin Blanc, Pinus Guenensis.

La classification des espèces du genre *Pinus* d'après le nombre des feuilles sortant de chaque gaine, peut n'être pas à l'abri de tout reproche et se laisser considérer comme plus artificielle que réelle ; car ce caractère n'est pas toujours constant.

Le *Pin d'Alep*, par exemple, non-seulement porte ses feuilles en groupes les uns de deux, les autres de trois ; mais il n'est pas rare, d'après M. Mathieu, de le rencontrer dans sa jeunesse avec des aiguilles quaternées et même quinées. Toutefois cette disposition ne subsiste pas dans l'âge adulte ; les feuilles fines, ténues et variant de 6 à 12 centimètres dans leur longueur, sont alors presque toutes géminées et rarement ternées. Elles ne persistent généralement pas au delà de deux ans, en sorte que l'arbre n'offre qu'un couvert fort léger. Les cônes, longs de 7 à 8 centimètres, sont pendants à l'extrémité d'un fort pédoncule, soit seuls (*fig*.33), soit par groupes de deux.

Le *Pin d'Alep* ou *de Jérusalem* est un arbre buissonneux à tige presque toujours flexueuse et contournée dans divers sens. Branchu dès la base dans sa jeunesse, il offre alors une touffe assez compacte, de forme pyramidale et d'une croissance rapide. A partir de vingt ou vingt-cinq ans, cet accroissement se ralentit, la base se dénude des branches inférieures, la cime s'arrondit et prend une forme écrasée et aplatie : les branches et les rameaux omposant cette cime sont grêles, allongés et diffus, et l'arbre, dans son plus grand développement, ne dépasse pas 15 ou 16 mètres de hauteur.

L'écorce, lisse, argentée et brillante dans le premier âge, se gerce avec les années, devient rugueuse ou écailleuse et prend cette teinte roux-fauve ou

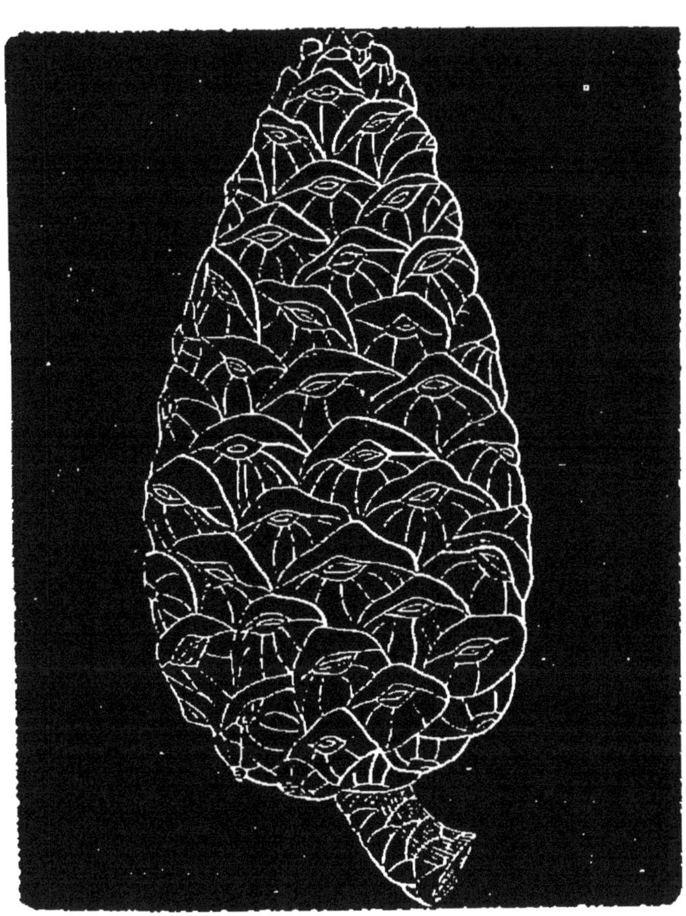

Fig. 35. Cône de Pin d'Alep ou de Jérusalem. Grandeur naturelle.

rouge brun que nous avons déjà signalée dans plusieurs des espèces précédemment décrites.

Il est clair que l'aspect résultant de l'ensemble de formes que nous venons d'indiquer n'a rien de beau, rien d'ornemental, rien de flatteur pour le regard. Aussi n'est-ce pas à un tel point de vue que se recommande le *Pin d'Alep*. Mais sa prédilection pour les terres calcaires, chaudes et sèches, où il croît vigoureusement, quelque maigres et médiocres qu'elles soient, pourvu qu'elles n'aient pas trop de compacité ; sa facilité à braver l'insolation du ciel méridional à quelque exposition qu'il se trouve situé ; ce sont là des qualités utilitaires d'un mérite inappréciable. Aussi l'emploie-t-on avec succès dans les opérations de reboisement de nos départements du Midi, où il croît d'ailleurs naturellement, et où ses racines, fortement pivotantes ou largement traçantes suivant la composition et la nature du sol, savent s'insinuer dans les moindres crevasses des rochers les plus dénudés pour s'y cramponner vigoureusement. L'Espagne, la Provence, l'Italie, la Grèce, l'Asie Mineure, la Géorgie et diverses contrées de l'Afrique septentrionale, notamment les environs de Mascara et de Saïda, en Algérie, le comptent parmi leurs essences indigènes ; et chez nous, s'il n'est pas à proprement parler le compagnon de l'olivier, du moins s'offre-t-il spontanément dans la même zone que l'arbre aux fruits oléagineux. Il est sensible au froid, ne résiste point aux fortes gelées et ne dépasse pas, même dans les Apennins et les montagnes de la Sicile, une altitude de 600 à 700 mètres.

Le bois du *Pin d'Alep* ou *Pin Blanc* est en effet de couleur blanche, mais légèrement teinté de rouge ou de brun. Le grain en est fin et serré, et il se travaille facilement soit comme charpente, soit comme menuiserie. Peu riche en canaux résinifères, le Pin d'Alep donne, sous ce rapport, mais en quantité inférieure, les mêmes produits que le Pin Maritime avec lequel quelques auteurs l'ont confondu.

Il est d'ailleurs d'une longévité analogue à celle de ce dernier, peut-être un peu moindre, et c'est vers 60 ou 70 ans qu'il atteint son âge d'exploitabilité. Les expériences manquent jusqu'ici pour déterminer d'une manière certaine le mode d'exploitation qui lui serait préférable ; mais il est à présumer qu'un traitement analogue à celui que l'on observe pour les massifs de Pin Maritime lui conviendrait, et nous renverrons en conséquence le lecteur à ce que nous avons dit sous ce rapport du Pin Pinastre.

Si le *Pin d'Alep* offre avec ce dernier une certaine analogie quant au mode de croissance et aux climats qu'il préfère, il se rapproche des Pins Laricios et nommément du Pin d'Autriche quant à la nature des terrains qu'il affectionne, par la forme et la dimension de sa graine, et par sa facilité à couvrir les sols pierreux et les rochers nus. Nous ne pourrions donc que répéter ici les indications que nous avons données pour la propagation du Pin Noir, soit par semis, soit par plantation, et nous prierons encore le lecteur de se reporter à quelques pages en arrière pour appliquer au *Pin de Jérusalem* les données qui concernent le Pin de Hongrie.

## Variétés du Pin d'Alep.

A la suite du *Pin d'Alep* nous mentionnerons comme ses variétés plusieurs pins très-voisins dont quelques auteurs font autant d'espèces, mais que d'autres ne considèrent que comme de simples formes différentes d'un type commun :

1. — *Pin d'Alep Majeur, Pin des Pyrénées, Pin d'Espagne, Pin de Nazaron, Pin des Cévennes, Pin de Montpellier, Pin de Parolini, Pin de Salzmann, Pin de Heldreich* (?).

Ce pin est envisagé par les auteurs de bien des manières différentes. Les uns font de sa forme espagnole une espèce distincte et une autre espèce de sa forme languedocienne (1); d'autres font de cette dernière une variété du Laricio, et ne rattachent que la première au type d'Alep (2). Il en est aussi qui classent l'une et l'autre dans l'espèce Pinastre ou Maritime (3), et d'autres enfin qui les confondent toutes deux en une espèce à part, mais sans les distinguer l'une de l'autre (4). Pour nous, adoptant cette dernière simplification, nous y joindrons celle de ne pas considérer ce pin comme une espèce légitime, et nous le rattacherons au *Pin d'Alep* dont il nous paraît se rapprocher davantage.

Le *Pin d'Alep Majeur* se rencontre sur les versants méridionaux des Pyrénées et sur plusieurs autres montagnes de l'Espagne. Découvert il y a peu d'années dans l'Hérault, près de Montpellier, il y est considéré par quelques auteurs, nous l'avons dit, comme une variété du Laricio ; et sous le nom de *Pin de Parolini*, il se rencontre encore, suivant M. Carrière, dans le littoral asiatique de la Méditerranée. C'est un grand arbre de 20 à 30 mè-

(1) *Pinus Pyrenaïca* et *Pinus Salzmanni* de M. Carrière.

(2) M. Mathieu.

(3) Les auteurs du *Bon Jardinier*.

(4) Gordon, Loudon, Senilis.

tres de hauteur, d'un port plus élancé par conséquent que le type de l'espèce. Ses feuilles, plus abondantes et plus fournies, sont d'un vert gris, finement déliées encore quoiqu'un peu plus grosses, et disposées en faisceaux à l'extrémité des branches, qu'elles dépassent à la manière des barbes d'un pinceau (1). Ses cônes sont un peu plus petits (2), plus aigus, horizontaux ou dressés sur les rameaux, jamais pendants (*fig.* 34); les jeunes pousses, nues à leur base, sont remarquables par la belle couleur rouge foncé qui les décore. En somme,

Fig. 34. Cône de Pin des Pyrénées. Grandeur naturelle.

(1) De là le nom de *Pinus Penicillus* donné quelquefois au Pin des Pyrénées. Nous n'avons pas reproduit cette dénomination pour ne pas confondre cette variété du Pin d'Alep avec celle du Pin Maritime appelé *Pin du Mans*, qu'on désigne aussi sous le nom de *Pin Pinceau*.

(2) 50 à 60 millimètres au lieu de 70 à 80 de longueur, largeur de 35 millimètres chez l'un et l'autre.

cette variété offre des qualités ornementales qui manquent au Pin d'Alep tel que nous l'avons décrit; et comme son tempérament paraît être aussi rustique et sa croissance bien plus rapide, elle se recommande à toute l'attention des amateurs.

### 2. — *Pin d'Abasie, Pin du Caire, Pin de Pithyus, Pin de Colchide, Pin de Syrie.*

Cette variété diffère de l'espèce par des cônes d'une dimension un peu plus forte, suivant Gordon, par des feuilles plus roides et plus longues, par une hauteur plus grande et une cime plus compacte. Elle se rencontre en abondance sur les rivages de l'Abchasie ou Abasie, vers Pezundan, l'ancien Pithyus (Géorgie), auquel elle emprunte celui de ses noms qu'elle doit à M. Steevens. D'après les récits de ce voyageur, le *Pin d'Abasie,* que l'on trouve aussi sur les montagnes de la Colchide, en Syrie, en Grèce, depuis les bords du littoral, jusqu'à une élévation supra-marine de 400 mètres, aurait quelquefois des feuilles à peine longues de 4 à 6 centimètres, et beaucoup plus déliées que celles du Pin d'Alep, tandis que, d'autres fois, il les aurait, au contraire, plus longues et plus épaisses.

3.— *Pin des Abbruzzes* (*Pinus Bruttia*); *Pin Aggloméré* (*P. Conglomerata*), *Pin Blanc de Calabre.*

Le *Pin des Abbruzzes*, originaire des montagnes

Fig. 35. Rameau et bouquet de cônes du Pin des Abbruzzes très-réduits.

de ce nom et de celles de Calabre, est remarquable surtout par ses cônes sessiles, ordinairement réunis en bouquets ou agglomérations de dix à vingt à la base du rameau (*fig.* 35), quoique parfois isolés, surtout sur les jeunes sujets. Ces cônes, longs de 6 à 8 centimètres, sont ovoïdes, aplatis à la base, lisses, et d'une couleur brun foncé ; ils persistent pendant des années. Les feuilles, ordinairement géminées, plus rarement ternées, sont longues de 15 à 20 centimètres, déliées et légèrement contournées. L'arbre atteint une hauteur de 25 à 30 mètres et étend beaucoup ses branches inférieures, ce qui lui donne une cime à base très-élargie. Il se distingue du Pin d'Alep non-seulement par l'agglomération de ses cônes, mais encore par ses bourgeons plus gros et moins allongés, par ses feuilles plus diffuses, plus longues, un peu moins ténues, par ses branches et ses rameaux plus épais.

Son tempérament est robuste, et son altitude, dans les pays où il est indigène, varie de 800 à 1,200 mètres. Les produits, en bois et en résine, paraissent être les mêmes que ceux du Pin d'Alep.

## TROISIÈME GROUPE. — PINS A 3 FEUILLES.

### PIN DE SABINE [i] (Pinus Sabiniana), 1826.

Douglas découvrit, en 1826, le Pin dont nous allons parler, sur le versant ouest des Cordillères par 40° de latitude, et lui donna le nom de M. Sabine, son ami. C'est un très-bel arbre qui peut atteindre jusqu'à 45 mètres de hauteur et 3 ou 4 mètres de circonférence. Garni dès la base, lorsqu'il ne croît pas en massif, de branches largement étalées, nombreuses, un peu pendantes, il forme une imposante pyramide à laquelle un épais feuillage d'aiguilles glauques, flexueuses et très-allongées ($0^{m}25$ à $0^{m}30$) prête la grâce de ses ondulations légères. Sa tige est droite et porte une écorce lisse, d'un gris cendré ou bleuâtre, mais qui, sur les pousses nouvelles et les jeunes rameaux non encore lignifiés, affecte une teinte d'un blanc mat.

Les cônes sont ovoïdes et aigus à leur partie supérieure ; leur grosseur dépasse celle des strobiles de tous les résineux que nous avons étudiés jusqu'ici, même celle des pignons du pin parasol, car ils mesurent 0m25 à 30 centimètres de long sur 0m15 à 0m16 de diamètre (*fig.* 36). Ils sont disposés autour des branches par verticilles de 3 à 6, et leurs écailles terminent leur sommet en une pointe longue, recourbée et très-aiguë (*fig.* 36) : ces écailles recouvrent des graines oblongues, renfermant, comme le pin d'Italie et les pins de Frémont, Cembroïde et Édulis une amande bonne à manger (*fig.* 37).

Fig. 36. Cône de Pin de Sabine, à 1/30 des dimensions naturelles.

Le *Pin de Sabine* croît aux plus fortes altitudes, et atteint même, réduit il est vrai aux modestes proportions d'un arbuste, la limite des neiges perpétuelles.

Sa croissance est rapide, son tempérament rustique ; il se plaît dans les sols graveleux et vient même dans les terrains chisteux, mais sans y acquérir de belles dimensions. — Son bois, d'après M. Boursier de la Rivière, serait tenace, flexible, résistant, mais d'une fente difficile, à cause

Fig. 37. Une écaille avec graines du cône de Pin de Sabine. Grandeur naturelle.

de la disposition des fibres contournées en spirales.

Cet arbre a commencé à fructifier en France en 1859, sur un pied de treize ans, vigoureux et bien venant, planté dans les jardins de MM. Thibault et Keteleer, horticulteurs à Paris (1).

Les cônes atteignent leur maturité dans le mois de novembre de l'année qui suit celle de la floraison.

## X. Pin de Coulter [ij]. (Pinus Coulteri).

Pin à gros fruits (Macrocarpa), Pin de Sinclair.
Pin Crochu (Adunca), Pin de Monterey.

Le pin de Coulter qui n'est pas sans analogie

(1) *Revue horticole*, année 1859, p. 328-337.

avec le précédent, est surtout remarquable par les dimensions et la forme de ses cônes. Longs de 1 pied, c'est-à-dire de 33 à 35 centimètres, ces strobiles

Fig. 38. Cône de Pin de Coulter, à 1/25 des dimensions naturelles.

sont renflés, non pas comme les autres vers leur base, mais aux deux tiers de leur hauteur; et là leur diamètre atteint jusqu'à 17 centimètres. Les écailles se terminent en pointes longues, aiguës et recourbées comme celles du fruit du *Pinus Sabiniana* (*fig.* 38). Parvenu à la maturité, un cône du *Pin à gros fruits* ne pèse pas moins de deux kilogrammes.

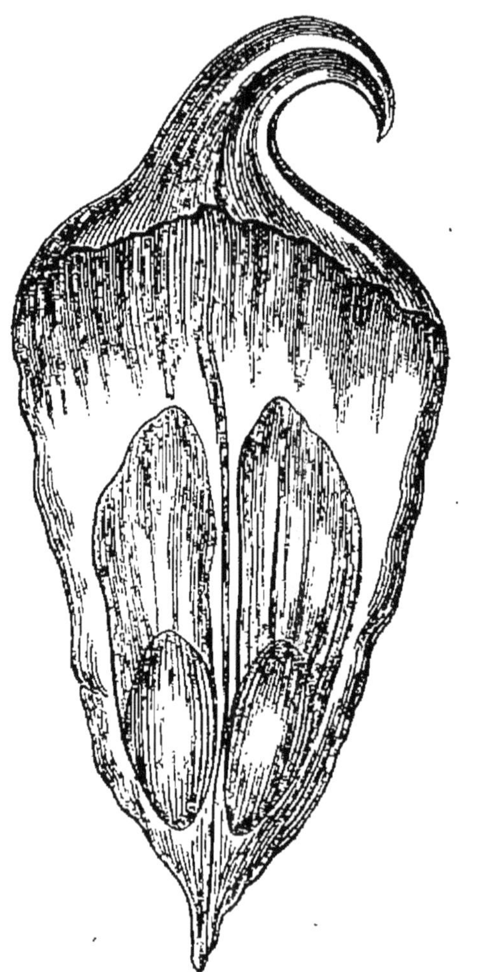

Fig. 39. Une écaille avec graines du cône de Pin de Coulter. Grandeur naturelle.

L'arbre, sans parvenir à des dimensions égales à celles du pin de Sabine n'en est pas moins de première grandeur encore et atteint facilement 100 pieds de haut. Ses feuilles, un peu moins glauques, sont plus raides, plus fermes et n'ont pas les ondulations gracieuses du précédent ; la gaîne d'où s'échappe le bouquet de trois feuilles, au lieu d'être unie, est garnie dans toute sa longueur de stipules ovoïdes, aiguës, scarieuses sur les bords et d'un brun luisant. Les graines quoique portées par des strobiles plus gros, sont plus fines (*fig*. 39).

Le port, l'ensemble de l'arbre se rapprochent du reste sensiblement du pin de Sabine; c'est toujours la même forme pyramidale et imposante, la même rectitude de la tige, la même rusticité de la plante et la même vigueur de végétation.

Le *Pin de Coulter* habite, mêlé avec le Lambertiana, les montagnes de Sainte-Lucie, les environs de la Mission de Saint-Antoine en vue de la mer en Californie, et le voisinage de Monterey. Son altitude est de 1000 à 1400 mètres.

### XI. Insigne-pin ou Pin Remarquable [iij]. (Pinus Insignis).

Pour éviter la consonnance désagréable que produit la traduction littérale et sans inversion des mots *Pinus Insignis* (Pin insigne) et pour donner cependant à cet arbre une dénomination moins banale que celle de *Pin Remarquable*, nous avons pris le parti de l'appeler *Insigne-Pin*, dénomination qui préviendra toute confusion avec le *Sapin Remarquable* (Abies spectabilis seu Webbiana) de la part des personnes pour qui les mots *pin* et *sapin* sont synonymes.

L'*Insigne-Pin* habite divers points de la Californie, notamment les environs de Monterey par 36e de latitude. C'est un arbre de 25 à 30 mètres d'élévation, dont la circonférence varie de 2 à 4 mètres. Il affecte, dit M. de Mortiliers, une forme toute particulière; les branches latérales sont redressées, et il représente une pyramide étroite à la façon du peuplier d'Italie (1). Ses feuilles sont nombreuses, pressées et longues de 8 à 15 centimètres, et leur ensemble rappelle la fraîche et riante verdure des prairies. Il produit des cônes ovoïdes, élargis vers la base, longs de 8 centimètres environ, dressés ou étalés sur la branche, soit par groupes de trois à cinq, soit plus rarement isolés. C'est un arbre d'une grande beauté, très-pittoresque et d'une croissance rapide. Dans une situation abritée et dans une terre suffisamment divisée, il végète vigoureusement; il serait donc d'un utile emploi dans l'ornementation d'un parc. Dégagé de tout abri, il pourrait souffrir des rigueurs de l'hiver.

(1) Notice sur quatre-vingt-six variétés de conifères, par M. P. de M.

## XII. Pin Austral ou des Marais [jv]. (Pinus Australis seu Palustris), 1730.

Est-ce à tort ou à raison que le *Pin austral* s'appelle aussi *Pin des Marais?* D'après M. Carrière ce serait à tort. Car, dit-il, cet arbre croît dans les dunes sèches qui s'étendent au milieu des larges États du sud de l'Amérique septentrionale, dunes que les Anglo-Américains appellent pour cette raison *Landes à Pin* (Pine Barrens). Mais il croît aussi, selon Aiton, dans les Marais, et selon Michaux, dans les sables qui reposent sur un sous-sol humide. D'autre part il existe deux pins, le Pinus Tæda et le Pinus Rigida, dont l'exiguité du cadre qui nous est imposé ne nous a pas permis de parler, mais qui croissent naturellement et dans les sols arides, pierreux ou sableux et dans les terrains humides et les marais. Il est donc vraisemblable que le *Pin Austral* possède une propriété analogue et que si la dénomination de *Pin des Marais* qui lui est attribuée est incomplète, du moins n'est-elle pas inexacte.

Ce pin est remarquable par ses feuilles douces, longues et retombantes; elles ne sont pas inférieures à 25 ou 30 centimètres et plus, affectent un vert brillant et lustré et sont disposées tout autour de la tige en courbes élégantes qui rappellent celles des fils retombants d'un panache. L'arbre fournit peu de branches et parvient souvent à plusieurs mètres de hauteur sans en produire une seule, ce qui lui donne un aspect tout particulier. Les cônes longs de 18 à 20 centimètres et larges, à la base, de 6 ou 7, ressemblent un peu à ceux du pin maritime: comme eux ils sont légèrement recourbés et comme eux ils ont des écailles à base pyramidale quadrangulaire, dures, coriaces, et terminées par une pointe. Mais le sommet en est moins aigu, la grosseur moins soutenue, et les écailles sont plissées par des stries radiées. Leur couleur est d'un beau brun marron : ils renferment des graines qui, sous une coque mince et blanchâtre, cachent une amande agréable au goût.

Dans les *Pines Barrens* dont il a été parlé en commençant, le Pin Austral couvre de vastes espaces ; on le rencontre plus particulièrement dans la Virginie, la Géorgie, la Caroline et la Floride. Dans ces contrées il atteint une hauteur de 20 à 25 mètres avec une circonférence de 1 mètre à 1 m. 50 qui se soutient jusqu'aux deux tiers de la hauteur. Ses longues feuilles sont employées à la confection des balais comme chez nous les menues ramilles du bouleau; d'où on lui donne le nom de *Pin à balais*. Il fournit un bois estimé et, sous le nom de *Térébenthine de Boston*, une résine de qualité supérieure. Enfin, comme arbre d'ornement il se recommande, par l'originalité de son aspect, à toute l'attention des amateurs.

Malheureusement il résiste difficilement aux hivers du nord de la France : mais dans nos départements méridionaux et dans ceux de l'ouest, au voisinage de la mer où la température est toujours plus égale, il paraît certain qu'on parviendrait aisément à le naturaliser. On a même réussi à en faire vivre quelques-uns en pleine terre sous le ciel peu clément de Paris : ils sont plantés au bois de Boulogne, entourés par d'autres arbres qui les abritent de toutes parts; et leurs racines, enfoncées dans un sol sec et sablonneux, ne leur fournissent pas une séve assez abondante pour provoquer dans leur végétation cette exubérance si fatale aux espèces que le froid éprouve.

## Variété du Pin austral.

Le *Pin des Marais* a une variété peu connue encore, le *Pinus Palustris Excelsa* qui, plus rustique, dit-on, que l'espèce, aurait des rameaux plus

...breux et des feuilles moins longues et plus ...essées.

XIII. Pin a longues feuilles [v]. (Pinus longifolia), 1801.

Comme son nom l'indique, le *Pin à longues feuilles* se distingue par la longueur de ses organes foliacés qui dépassent en développement et en finesse ceux même du Pin Austral (*fig.* 40). Ils parviennent jusqu'à 40 centimètres de longueur et pendent presque verticalement comme les rameaux du sophora ou du saule pleureur.

Fig. 40. Rameau avec feuilles de Pin à longues feuilles, au 1/8 de grandeur naturelle.

Avec un pareil feuillage ce pin serait admirable comme arbre d'ornement s'il supportait la pleine terre sous nos climats. Mais un arbre qu'il faut élever en caisse pour le mettre en orangerie pendant l'hiver perd tout son intérêt. Il mérite...

cependant qu'on fit en sa faveur quelques tentatives d'acclimatation dans les parties méridionales de la France.

Cet arbre abonde dans les montagnes de l'Hymalaya, du Boutan à l'Afghanistan, à une altitude qui varie de 600 à 2,000 mètres et plus. Il parvient dans ces contrées à une hauteur de 15 à 30 mètres. Son bois est d'excellente qualité et contient une grande quantité de résine.

D'après Lambert, il se rencontrerait aussi sur les montagnes de l'île Bourbon (*fig.* 41).

Fig. 41. Cône réduit du Pin à longues feuilles

XIV. PIN TÉOCOTE OU BOIS A TORCHES [vj]. (Pinus fax), 1839.

Une grande richesse en résine doit être le motif pour lequel les Mexicains ont appelé cet arbre *Pino de ocote* (pin de torches), d'où nous avons fait en français *Pin Téocote*. On le rencontre sur les sommets et les versants escarpés des montagnes d'Orizaba et de Réal del Monte, et sur les hauts plateaux des environs de Mexico. Il se trouve aussi très-abondamment sur les montagnes de l'état d'Oaxaca, à une altitude de 1,800 à 2,500 mètres.

C'est un arbre d'aspect élégant, dont les feuilles nombreuses, effilées, longues de 12 à 15 centimètres et d'une consistance soyeuse, sont gracieusement inclinées le long des rameaux. Il affecte une belle forme pyramidale et parvient à 100 pieds de hauteur; sa végétation est si active que quelquefois la pousse d'une seule année produit deux étages de verticilles. Il en résulte que, le plus souvent, le jeune bois mal aoûté ne résiste pas au froid de nos hivers. Il ne saurait donc convenir aux climats du nord et du centre, et c'est à nos départements du sud et de l'ouest qu'il appartient de tenter son acclimatation en France.

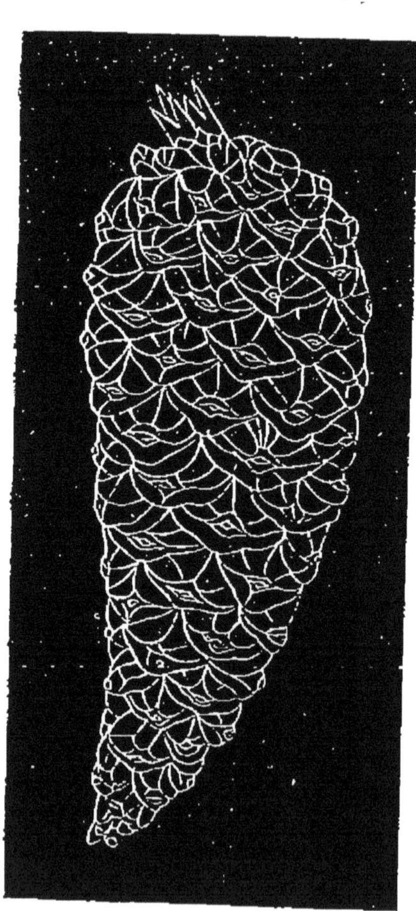

Fig. 42. Cône de Pin Téocote. Grandeur naturelle.

Le cône du *Pin Téocote* se rapproche, quant à ses dimensions et à sa forme générale, de celui du pin d'Ecosse; mais la protubérance de la base des écailles étant plus régulière est moins saillante ; il est d'une surface beaucoup plus unie (*fig.* 42). Il est appendu au rameau par l'intermédiaire d'un pédoncule assez long.

Dans une serre froide le pin qui nous occupe est, comme ornementation, d'un effet délicieux : nul doute que dans un climat chaud il ne produise un pareil effet dans un square, un parc ou un jardin.

## XV. Pin des Canaries [vij]. (Pinus Canariensis), 1815.

« Au-dessus de la première zone forestière de Ténériffe, en se rapprochant des hautes cimes de l'île, on trouve une autre région arborescente formée d'une seule espèce d'arbres, le *Pin des Canaries* ; mais on ne rencontre dans cette région élevée ni la variété, ni les délicieux ombrages, ni l'agréable fraîcheur qui se font remarquer dans les bois de lauriers de la première zone. Le silence qui règne dans ces hautes solitudes est rarement interrompu par le chant des oiseaux, car les oiseaux s'éloignent d'une région qui n'a ni ruisseaux, ni prairies et où l'on ne trouve que des terrains secs, sans humus, dépouillés de plantes et couverts de feuilles desséchées. Pourtant ces terrains montagneux sont peuplés d'arbres robustes qui peuvent atteindre sur ce sol, en apparence si aride, des dimensions colossales, et braver impunément la sécheresse et les intempéries. C'est que leurs feuilles aciculaires attirent les vapeurs de l'atmosphère, tandis que leurs fortes racines pénètrent à travers les laves et les scories volcaniques pour aller chercher dans les profondeurs de la terre l'humidité nécessaire à leur nutrition.

« Les Pins des Canaries, par leur port majestueux, leurs énormes dimensions et la beauté de leur feuillage, impriment à la région forestière qu'ils occupent un caractère de grandeur qu'on ne rencontre pas dans les verts bocages où les lauriers sont confondus avec les autres espèces d'arbres. Ces conifères sont d'une croissance rapide dans la première période de leur existence, et peuvent atteindre, à la longue, la hauteur de nos plus grands sapins du nord. Le bois de Pin des Canaries passe pour incorruptible : on montre dans ces îles des charpentes qui comptent près de trois siècles. Mais ce bois n'est pas destiné seulement à la charpente; la marine l'emploie aussi dans ses constructions, et l'économie rurale en retire de grandes ressources dans la fabrication d'une foule de machines et d'instruments aratoires. Il n'est pas une famille, parmi les gens de la campagne, qui ne mette les pins à contribution pour ses besoins journaliers; car, outre la résine qu'on extrait du tronc, le cœur du bois coupé en petites bûches réunies en faisceaux sert de flambeau pour s'éclairer pendant la nuit, comme au temps de Virgile :

.... Tædas sylva alta ministrat,
Pascunturque ignes nocturni, et lumina fundunt.

« La dévastation a suivi dans dans la région des pins une marche non moins rapide que dans celle des lauriers : les beaux arbres qu'on regardait comme des types de la végétation primitive sont devenus fort rares ; si quelques-uns subsistent encore à Ténériffe ou dans les îles voisines, leur conservation n'est due qu'au respect religieux qu'ils inspirent. Les pins sacrés (*Pinos santos*), protégés par les saintes images placées dans la cavité de leur tronc, ont été épargnés jusqu'ici ; mais ces derniers survivants de la forêt subiront tôt ou tard la loi commune, et bientôt le souvenir de leur existence ne sera plus qu'une tradition (1) ».

(1) Notice sur les principales essences forestières des Iles Canaries par M. Berthelot. *Bulletin de la Société d'Acclimatation*, année 1860, p. 194 et suivantes

Nous n'aurions pu parler du *Pin des Canaries* aussi bien que l'auteur des lignes qui précèdent, et c'est pourquoi nous lui avons préalablement laissé la parole. Nous n'ajouterons que peu de mots pour compléter, par quelques détails descriptifs, cette intéressante notice.

Les feuilles, fines, déliées et longues de 18 à 20 centimètres, s'étalent d'abord pour s'incliner ensuite en courbes ondoyantes. Les cônes sont un peu plus courts; leur plus grand axe ne dépasse pas 14 à 15 centimètres, et leur diamètre en grosseur est de 6 à 8. Leurs écailles ont une base quadrangulaire fort large dont la protubérance s'élève peu et affecte une teinte rougeâtre ou roux luisant. Les jeunes plants se reconnaissent, dit le *Bon Jardinier*, 1° parce qu'ils conservent longtemps les stipules glauques, ciliées, foliiformes qui précèdent les premières feuilles dans tous les pins; 2° parce qu'ils poussent de jeunes rameaux sur le tronc.

Malheureusement le Pin des Canaries est tendre au froid et ne peut faire dans nos départements du nord qu'un ornement d'orangerie ou de serre. C'est encore au midi et à l'ouest qu'il faut s'en remettre du soin de la propagation en France de cette précieuse espèce déjà parfaitement acclimatée, du reste, dans notre colonie d'Afrique.

## XVI. Pin chinois de Bunge [viij]. (*Pinus Bungeana*), 1846 (?)-1863.

Kien-Sung-Mu, Pin des neuf dragons, — Pei-Go-Sung, Pin à blanche écorce.

Découvert dans le nord de la Chine par M. Fortune, ce pin fut par lui dédié à son ami M. de Bunge. De là le nom de *Pinus Bungeana*. C'est en visitant les cimetières de Pékin que le célèbre voyageur fut frappé par l'aspect de ce singulier conifère : l'écorce, d'un blanc de lait sur la tige et les grosses branches, se détache par grandes plaques, de la même manière que celle du platane ou de l'arbousier ; le tronc, volumineux à la base, se divise, à trois ou quatre pieds du sol, en huit ou dix tiges parfaitement rectilignes et verticales qui s'élèvent sous branches à 25 ou 30 mètres. Le feuillage, d'un vert pâle et d'un aspect plein d'élégance, occupe seulement les sommités de la cime. Tout cela forme un ensemble parfaitement régulier et symétrique ; et ces arbres, fort nombreux dans les cimetières, les jardins des pagodes et les parcs impériaux du nord de la Chine, y sont tous semblables.

Faut-il, comme M. Fortune, attribuer à une

cause naturelle, inhérente à l'espèce, cette subdivision du tronc en un grand nombre de tiges? Nous ne le pensons pas. Dans les montagnes du Péloponèse on a trouvé récemment des sapins à plusieurs cimes : il est vrai que celles-ci s'étaient produites après étêtement de l'arbre à sa partie supérieure; mais on ne s'en est pas moins hâté d'admirer la faculté, remarquable chez ces sapins, de se refaire des tiges nouvelles et multiples, ne réfléchissant pas que tous les arbres du genre *Abies* seraient dans le même cas, si l'on s'avisait, ailleurs qu'en Grèce, de les exploiter en têtards.

Pareillement, que l'on coupe, dans la période de la jeunesse, un pin quelconque à hauteur d'homme : sans doute des bourgeons adventifs ne se produiront pas sur la pousse tronquée comme dans un sapin, un mélèze ou un épicéa ; mais si le jeune arbre est en bon état de végétation et symétriquement développé, les branches du verticille inférieur au point de section se redresseront peu à peu, plus ou moins, suivant le degré de tendance de l'espèce à s'élever verticalement, et quelques années après on verra, comme M. Fortune à Pekin, un pin dont le tronc se divisera, à un mètre et demi de terre, en plusieurs tiges qui lui donneront l'aspect d'une véritable cépée qu'un support séparerait du sol. Si l'on réfléchit, en outre, au rare talent des Chinois à transformer, et parfois à défigurer l'extérieur de leurs arbres verts et au culte de profonde vénération qu'ils vouent à leurs cimetières et à leurs pagodes, on ne sera surpris ni de ce qu'ils aient cherché à donner au Pin à blanche écorce une forme particulière, ni de ce qu'ils aient obtenu cette régularité et cette similitude qui frappaient M. Fortune.

Ce n'est donc pas là qu'il faut voir le côté remarquable de cet arbre.

Mais la couleur et la disposition de son écorce, ses belles dimensions, sa croissance rectiligne, son élégant feuillage et les qualités attribuées à son bois, le recommandent davantage à l'attention du paysagiste et du sylviculteur.

D'après une notice envoyée de Chine en 1862 par M. Eugène Simon, chargé d'une mission scientifique en ces lointains parages (1), le bois du Pei-Go-Sung passe dans l'extrême Orient pour incorruptible. Avec les plaques détachées naturellement de l'écorce et broyées dans de l'huile, les habitants du Céleste Empire font un onguent qu'ils estiment

(1) Cette notice a été publiée dans le *Bulletin de la Société d'Acclimatation* du mois de mai 1863, p. 281.

souverain contre les dartres et autres affections de la peau. Suivant eux la longévité du Pin à blanche écorce serait indéfinie, et ils en montrent des individus, âgés, prétendent-ils, de plusieurs milliers d'années ; M. Eugène Simon en a mesuré un de 30 à 32 mètres de hauteur sur 1 mètre 65 de diamètre, qui ne compterait que la bagatelle de 2000 printemps ; un autre, beaucoup plus jeune, un enfant, âgé seulement de 500 ans, mesurait 25 mètres de long avec un diamètre de 0,97 c. — Pour des arbres dont l'âge se compte par siècles, ces dimensions ne seraient pas énormes.

Les branches sont longues, déliées, peu ramifiées, et recouvertes, sur les rameaux, d'une écorce gris verdâtre naturellement lisse, mais que rendent un peu rugueuse les cicatrices laissées par les feuilles. Celles-ci dont la longueur ne dépasse pas 6 ou 8 centimètres sont roides et développent leurs triples aiguilles au sortir de gaînes très-courtes et plus larges que longues. Les bourgeons, privés de résine, sont formés d'écailles rouge-brun, unies et frangées sur les bords. Les cônes ont la forme la moins conique possible : ce sont plutôt des sphères un peu allongées ayant 5 à 6 centimètres dans leur plus grand diamètre, et 4 à 5 dans le moindre (*fig.* 43). Les écailles sont peu nombreuses et assez larges, comparativement aux dimensions du cône.

Le Pin de Bunge, qui habite le nord de la Chine et le Japon, pourrait bien n'y être pas indigène, car si on l'y rencontre fréquemment, ce n'est jamais qu'à l'état cultivé; M. Eugène Simon pense qu'il est originaire des montagnes du Thibet. Cependant s'il est introduit en Chine depuis des milliers d'années, qui prononcera sur son indigénat ? Il est vrai que messieurs les Chinois peuvent à leur gré porter haut l'âge de leurs arbres ; à moins de les abattre par leur pied pour en compter les couches circulaires, personne n'ira contrôler ces dires fantastiques.

Fig. 43. Cône du Pin chinois de Bunge. Très-peu réduit.

Le Pei-Go-Sung paraît ne pas craindre le froid; on le dit rustique et d'une naturalisation probablement facile. Sa première introduction dans nos contrées remonterait à 1846; mais il n'est pas certain que l'on n'ait point, par suite de quelque confusion, envoyé sous son nom une espèce différente ; car les caractères annoncés, (et particulièrement, croyons-nous, la blancheur éclatante de l'écorce), ne se vérifient pas tous. Toutefois le Muséum d'histoire naturelle de Paris en a reçu, en 1863, de M. Eugène Simon, des graines dont l'origine semble parfaitement authentique. Il est donc permis d'espérer que, d'ici à peu d'années, nous pourrons, en France, étudier sur nature ce curieux conifère (1).

### 4e GROUPE. — PINS A 5 FEUILLES.

## XVII. Pin Cembro [i]. (Pinus cembra.)

Ceimbrot, Eouve, Alviès, Auvier, Tinier (Dans le Briançonnais).

Au point de vue ornemental le *Pin Cembro* n'offre aucun intérêt ; c'est un arbre de petites dimensions, qui n'atteint 15 à 20 mètres, son maximum de hauteur, qu'à un âge très-avancé ; sa lon-

(1) Voir à ce sujet une note fort intéressante de M. Naudin dans la *Revue Horticole*, année 1863, p. 372.

givité est considérable et s'élève communément à plusieurs siècles. « La ramification du Pin Cembro, dit M. Mathieu, est irrégulière, formée de grosses branches et de rameaux tortueux, étalés, qui ne présentent pas de traces de la disposition verticillée. L'écorce est verdâtre et, sauf en quelques parties qui deviennent parfois verruqueuses, reste lisse fort longtemps : c'est seulement quand l'arbre commence à vieillir qu'elle se gerce par larges plaques, dans le sens horizontal plutôt que dans le sens longitudinal : du reste elle ne se détache point par lames comme celle d'un grand nombre des pins que nous avons précédemment examinés. Sur les jeunes rameaux elle est recouverte d'un duvet jaune-rouge assez remarquable. »

Le Pin Cembro croît spontanément sur les hautes montagnes de l'Europe et dans les plaines de la Sibérie. « Il habite, dit M. Carrière, toute la chaîne des Alpes de la Provence et du Dauphiné, celles de la Styrie et de l'Autriche au-delà d'Onasson et Saltzbourg ; il croit épars sur le Mont-Cenis, au-dessus de la limite des sapins, à une altitude de 1,330 à 2,130 mètres, et y constitue çà et là des futaies. On les rencontre dans les vallées intérieures et subalpines des Carpathes, (de 1,300 à 1,600 mètres d'élévation), où il commence au-dessous de la limite des sapins et la dépasse ; dans la Transylvanie subalpine, la chaîne de l'Oural, toute la Sibérie boréale et alpine au-delà de la Lena, les montagnes de l'Altaï entre 1,330 et 2,180 mètres de hauteur supra-marine, et dans le Kamtschatka.» En France on l'observe principalement aux environs de Briançon, mêlé au mélèze et au pin à crochets ; mais il n'y constitue en peuplement pur, suivant M. Mathieu, qu'une seule forêt de 200 hectares.

Ces stations font pressentir aisément quel est le tempérament du Pin Cembro. C'est un arbre qui supporte les froids les plus extrêmes et qui, sous ce rapport, offre un puissant intérêt au point de vue du reboisement des montagnes; il se rencontre à toutes les expositions et supporte par conséquent la courte mais énergique chaleur que le soleil verse sur les hauts sommets pendant les trois ou quatre mois que les neiges en sont absentes. Toutefois si l'on voulait le propager artificiellement par semis ou plantation, serait-il sage et prudent de l'abriter pendant les premières années contre une insolation trop forte.

La croissance est extrêmement lente, ce qui ne doit pas surprendre en des régions où la neige couvre le sol pendant les deux tiers de l'année; mais transporté dans des climats plus doux, il n'y prend pas, comme le mélèze, par exemple, une accélération de végétation marquée. Il est pourvu de fortes et pivotantes racines qui se plaisent dans un sol frais et divisé et qui, suivant les circonstances, cessent de s'enfoncer verticalement pour tracer au large.

« Le bois du Cembro des Alpes est très-résineux et d'une odeur agréable ; il n'est pas ordinairement assez gros pour fournir de fortes pièces de charpente, mais on pourrait en tirer des chevrons, ce qu'on ne fait guère par suite de la difficulté de l'exploitation dans les localités où croît cet arbre. Les bergers en font une grande consommation pour se chauffer et ils en détruisent ainsi beaucoup. C'est un bois tendre, facile à couper et à travailler ; les pâtres de la Suisse et du Tyrol en font différents ouvrages de scupture, de petites figures d'hommes et d'animaux, qui se vendent dans les villes. La nature du sol paraît influer beaucoup sur sa qualité, car autant il est résineux et odorant dans les Alpes, autant il l'est peu en Sibérie, où il abonde. Les menuisiers l'emploient de préférence à d'autres bois parce qu'il a le grain tendre et que les outils le coupent avec facilité; ils en font surtout des boîtes et des coffres. Dans certains cantons où cet arbre est très-commun, et dans les années où il rapporte beaucoup de fruits, les paysans vont dans les forêts faire la récolte des noyaux qui se vendent à bas prix.

« Les amandes sont bonnes à manger, d'un goût agréable et très-nourrissantes. Les habitants des Alpes et surtout les pâtres les mangent comme aliment. Ces amandes sont aussi oléagineuses que celles du pin pinier dont elles ont toutes les propriétés ; on peut dire qu'elles contiennent les principes huileux en plus grande abondance que toutes les semences connues ; car lorsqu'on ne retire que deux onces et demie d'huile d'une livre de graines de lin, on peut retirer cinq onces des pignones du Cembro. Cette huile ne peut s'obtenir à bon marché, à cause du temps qu'il faut employer pour casser les noyaux, qui sont très-durs. En Sibérie les gens riches en font faire pour s'en servir pendant le carême et les temps de jeûne. Elle a une saveur fort agréable quand elle est récente ; mais elle a l'inconvénient de devenir promptement rance. Dans le même pays, on emploie, pour teindre en rouge, les coquilles des amandes au moyen d'une préparation dans de l'eau-de-vie de froment (1). »

Les feuilles du Pin Cembro, larges, épaisses et

(1) Loiseleur-Deslongchamps, dans le *Nouveau Duhamel.*

longues de 8 à 10 centimètres, sont agglomérées à l'extrémité des rameaux ; elle forment un couvert assez épais.

Les cônes, appelés *auves* dans le Briançonnais, sont ovoïdes, érigés, violets, revêtus d'écailles à base très-large ; ils ont environ 7 à 8 centimètres de long sur 5 à 6 d'épaisseur (*fig.* 44). Ils ne sont produits avec graines fécondes que sur des arbres ayant au moins soixante ans; cette fructification n'a lieu, dans les Alpes françaises, que tous les quatre ou cinq ans. Les écureuils sont très-friands de la savoureuse amande contenue dans la graine, laquelle, ainsi qu'il a été dit ci-dessus, est fort recherchée des montagnards et des bergers.

Fig. 44. Cône de Pin Cembro. 1/4 des dimensions naturelles.

La rareté du Cembro en France à l'état pur, sa station très-élevée et l'extrême lenteur de sa croissance font qu'on ne l'a guère étudié jusqu'ici au point de vue de l'exploitation et des repeuplements.

Il est donc difficile, en même temps que de peu d'intérêt, de lui appliquer des règles spéciales en vue de sa culture en massifs forestiers; et quant à l'élève des jeunes plants et à la propagation par repiquements ou par semis, nous pensons qu'un certain abri contre l'insolation doit être indispensable à un jeune semis ou à une jeune plantation de Pins Cembros. Le mode à employer de préférence pourrait être, vu l'analogie de conformation des graines, semblable à celui que nous avons conseillé pour le pin parasol.

## Variétés du Pin Cembro.

Gmélin, d'après Loiseleur-Deslongchamps, fait mention dans sa *Flore de Sibérie*, d'une variété du Pin Cembro ne s'élevant pas à plus de six pieds et atteignant rarement plus d'un pouce de diamètre au milieu de la tige; les fruits, avec la même forme que ceux de l'espèce, sont deux fois plus petits. Les mêmes auteurs rapportent que deux capitaines de navires éprouvèrent le bienfait des propriétés antiscorbutiques de cet arbrisseau, à l'aide duquel ils guérirent la majeure partie des hommes de leurs équipages que décimait le scorbut.

Cette variété ne peut être que celle appelée *Pu-*

*mila* par Endlicher, *Pygmea* par Gordon et par Loudon, *Sibérica* par M. Duchartre (*Manuel gén. des plantes*, t. IV). Mais il ne faudrait pas la confondre avec la variété *Sibérienne* des auteurs anglais « qui, suivant Pallas, disent-ils, serait un arbre du plus majestueux aspect, dépouillé de branches sur une partie considérable de sa tige et parvenant quelquefois jusqu'à 100 pieds de hauteur. »

Nous désignerons la première de ces variétés sous le nom de *Cembro Nain*, et nous adopterons pour la seconde l'appellation de quelques auteurs anglais : *Pin à pignons de Sibérie*.

Mentionnons encore la variété *Stricta* (*Dressée*), dont les branches, fastigiées le long de la tige, donnent à l'arbre l'aspect du peuplier d'Italie, et la variété *monophylle* dont les feuilles, soudées dans la plus grande partie de leur longueur, ne se séparent que lentement au sommet. Ces deux dernières formes sont purement horticoles et ne constituent qu'un produit de la culture artificielle.

Une importance beaucoup plus grande doit être attachée au Pin Parviflore ou *à petites fleurs* (*P. Parviflora*), qui, sous les noms de Gojo-no-matsu, Go-sju-sjo, etc., paraît n'être que le Cembro des Japonais. On s'accorde cependant, en général, à en faire une espèce distincte; mais elle est en tous cas si voisine du Cembro d'Europe et de Sibérie, elle présente tant de caractères communs avec lui, qu'il est bien permis dans un traité aussi peu scientifique que le nôtre, de la confondre avec le Pin du Briançonnais. C'est ce qu'a fait John Senilis dans son *Handbook*, et nous ferons comme lui.

Le Pin Parviflore habite le nord du Japon, et notamment les îles Kourilles, par 35 à 45 degrés de latitude boréale, et les hauts versants du mont Fakone. C'est dans cette dernière situation qu'il parvient à des dimensions de quelque valeur ; mais ailleurs, notamment dans les jardins et dans les promenades publiques, il reste à l'état d'arbrisseau et ne dépasse pas 6 à 8 mètres de hauteur.

Le cône a une forme plus allongée et moins élargie que celle du cône de l'espèce-type (8 à 10 centimètres de long sur 4 à 5 d'épaisseur). Il est composé de cinq rangées spéciales comprenant moyennement chacune dix écailles, larges, cunéiformes à la base, arrondies et concaves dans le haut, ligneuses, brunâtres et recouvrant chacune deux graines à testa osseux, dur, brun foncé, très-semblables à celles du Cembro d'Europe, mais munies en plus, selon Murray (1), d'une aile large et courte de la même couleur.

(1) Pins and firs of Japan.

Cet arbre, introduit dans nos cultures depuis 1846, s'y montre assez rustique.

### XVIII. PIN STROBE [ij]. (Pinus Strobus) 1705.

Pin du lord Weymouth (abréviativement, Pin Weymouth, Pin du Lord), Pin d'Amérique, Pin de Virginie, Pin du Canada.

Qui fouillera, dit John Senilis, les secrètes archives du monde pour y trouver les contestés et poudreux mémoires de l'histoire ancienne du *Pinus Strobus?* Qui prendra la plume ou le crayon pour tracer un portrait exact et correct, ou écrire un précis historique de l'arbre *Strobe?* Il est sans doute aussi ancien que ce commencement des temps où « Dieu créa le ciel et la terre, » et où s'exécuta ce commandement divin : « Multipliez, et remplissez l'univers, » tant il est partout répandu en une infinité de quasi-espèces, de variétés, de sous-variétés, qui paraissent constantes et dont le nombre est si grand, qu'un volume ne suffirait pas à traiter, dans tous les développements qu'il comporte, le sujet contenu dans ces deux simples mots, *Pinus Strobus*. Dès l'antiquité, les auteurs en font foi, le nom de *Strobe* fut appliqué à un arbre ; mais à quel arbre ? c'est ce qui n'a pu être éclairci. Ce terme est d'origine grecque ; on trouve sa racine soit dans le mot στρέφω, (*strephô*), tordre ou tourner, soit dans le mot στρόφος (*strophos*) qui signifie simplement *une corde*.

Telle est l'opinion exprimée par le « Handbook. »

L'étymologie serait justifiée, d'après le même ouvrage, par la disposition verticillée des branches pour la première de ces deux origines, tandis que la seconde serait une allusion à la forme du cône qui, non encore ouvert, rappelle un peu celle d'un bout de corde (*fig.* 45) (1). Nous ne croyons pas d'ailleurs que ce rapprochement suffise pour établir sans contestation que le pin découvert au Canada par Lord Weymouth, au commencement du siècle dernier, soit le même que l'arbre appelé par les anciens *Strobus*, bien que les modernes lui aient donné ce nom.

Il est vrai, cependant, que les pins voisins de celui qui nous occupe en ce moment, sont très-nombreux et qu'il en est dont l'indigénat, comme nous le verrons un peu plus loin, est bien européen

(1) Il semblerait plus naturel de faire dériver *Strobus* de στροβέω (*strobeô*) ou de στρόβος (*strobos*). Mais la signification de ces deux mots, *faire tourner* et *tournant* ou *tournoiement* se rapproche tout à fait de celle du mot στρέφω.

et même hellène. Mais pour être voisins, sont-ils identiques quant à l'espèce? C'est ce que paraît croire l'auteur du *Handbook*, sans d'ailleurs justifier cette opinion qu'aucun autre écrivain ne partage; les plus avancés se sont bornés à classer en une tribu spéciale tous les arbres voisins du Pin Strobe et à donner à cette tribu le même nom qu'à l'arbre-type, mais sans pour cela réduire ces espèces au rôle de simples formes d'une espèce unique et commune.

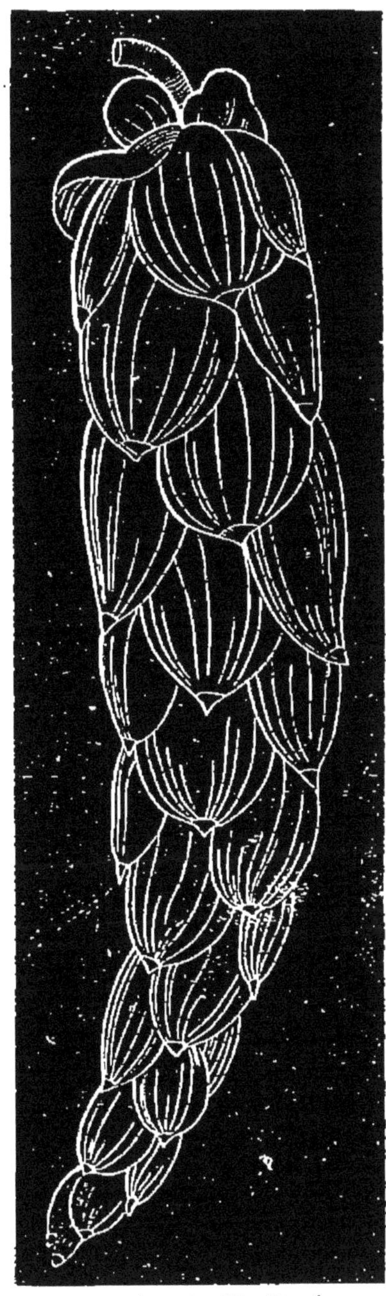

Fig. 45. Cône de Pin Strobe
Grandeur naturelle.

Le Pin Strobe croît naturellement sur les côtes et les moyennes montagnes du Canada et de la Virginie, mais n'atteint la plénitude de ses belles dimensions que dans les États de Vermont et New Hampshire et vers les rives du fleuve Saint-Laurent. C'est un grand et bel arbre qui parvient, chez nous, jusqu'à près de 40 mètres de hauteur et qui en atteint 60 dans son pays d'origine ; son diamètre est proportionné. Sa tige, droite et effilée, supporte un branchage vaste et largement étalé que recouvrent des feuilles fines, d'une verdure gaie, longues de 6 à 8 centimètres, et longitudinalement striées de blanc ; le tout forme une pyramide majestueuse qui remplace les grâces mélancoliques des sapins et des épicéas, par un dehors de vigueur et de solidité dont le charme est différent, mais égal. L'aspect de ces derniers plaît davantage aux poétiques tristesses du rêveur ; les formes larges et bien assises du premier conviennent mieux à l'amateur des beautés plastiques et positives. Les lignes sveltes et entr.-croisées de l'*Abies* et du *Picea* ont pu inspirer les inventeurs de l'ogive et de la nervure gothique ; mais si le Pin Strobe fut connu de l'antiquité grecque, il ne devait pas être déplacé aux abords du Portique ou du Parthénon.

Son écorce est d'un gris-verdâtre et lisse sur les jeunes arbres ; « elle est parsemée, dit M. Mathieu, de nombreuses petites ampoules, dues aux réservoirs de l'enveloppe cellulaire verte qui est en dessous et que gonfle une térébenthine très-fluide, incolore et transparente. Vers 30 ou 40 ans, cette écorce s'épaissit et devient fendillée et rugueuse. »

La croissance du Pin Strobe est des plus rapides : à l'âge de 30 ans il dépasse quelquefois 20 mètres de hauteur sur près de 2 mètres de circonférence. Il faut pour cela qu'il croisse dans un sol gras, fertile et surtout profond, car son enracinement est considérable (1). Mais il réussit encore dans de maigres et arides terrains, et se plaît aussi dans les sols humides et même tourbeux ; en dehors des climats chauds qui ne lui conviennent pas, il s'accommode de toutes les expositions. C'est donc un arbre robuste, rustique et d'une culture facile ; malheureusement les qualités de son bois ne se sont pas maintenues, chez nous, au niveau de ce qu'elles sont dans le Canada et le nord des États-Unis, où plus de moitié des maisons urbaines et rurales sont construites en Pin du Lord, qui fournit également la grosse charpente des églises et des grands édifices. Loiseleur-Deslongchamps, à qui nous empruntons ces détails, ajoute que les ponts de Cambridge et de Charlestown à Boston, le premier

(1) Il se compose, dit la *Flore forestière*, d'un pivot fort et long et de grosses racines latérales.

long de mille et le second de cinq cents mètres, sont entièrement construits avec ce bois ; on l'emploie aussi à divers ouvrages de menuiserie, de tonnellerie, de layeterie. Les Américains l'estiment comme un bois léger, peu noueux, d'un grain fin et tendre et par suite facile à travailler, qui fournit de larges planches et des pièces de charpente des plus grandes dimensions, enfin qui résiste mieux que d'autres aux injures du temps et est aussi moins sujet à se fendre sous l'influence de la chaleur. Le Pin Weymouth est très-abondamment employé pour la mâture des navires qui se construisent dans tout le nord de l'Amérique ; il fournit des mâts beaucoup plus légers que le Pin de Riga, mais moins forts et qui ont de plus le grave inconvénient de s'échauffer et de pourrir assez vite dans l'entrepont et à l'attache des vergues. Ce n'est du reste pas le seul défaut du bois du Pin Strobe ; il a celui, non moins grave, de n'être pas constant dans ses qualités, et (jaloux sans doute de les réserver à son pays natal) de ne pas les maintenir chez ses représentants d'Europe. Il est vrai qu'on ne l'a pas encore suffisamment expérimenté chez nous sur des arbres d'un âge bien avancé ; toujours est-il qu'il est blanc, mou, d'une faible densité, et assez semblable au bois de notre peuplier.

Quoi qu'il en soit, le Pin du Lord Weymouth, offre encore deux avantages sérieux : 1° son mérite ornemental ; 2° sa végétation facile, rapide et rustique dans les terrains arides comme dans les sols humides et marécageux.

Les cônes sont pendants, allongés et étroits (14 à 16 centimètres de long sur 2 à 3 centimètres de large) [*fig*. 45, *suprà*] ; ils ne sont guère féconds que sur des arbres ayant atteint la cinquantaine; leurs écailles n'adhèrent point par leur sommets et s'entr'ouvrent sous l'effort de la moindre chaleur, en sorte que la dissémination naturelle des graines a lieu dès l'automne. Si on les récolte, il faut, d'après M. Mathieu, se garder d'employer la chaleur artificielle pour les ouvrir, car on arriverait au résultat précisément opposé à celui qu'on se proposerait : un suintement de térébenthine agglutinerait les écailles et les graines, mastiquerait en quelque sorte le tout, et l'extraction deviendrait impossible.

La graine de Pin Strobe est ordinairement assez chère, ce qui est un obstacle à la propagation de l'essence par des semis à demeure ; leurs résultats seraient d'ailleurs incertains. Au contraire, les jeunes plants, dans les conditions requises, reprennent avec une grande facilité ; un peu d'abri cependant ne peut que leur être favorable pendant les premières années de la plantation.

On n'a pas encore de données sur les exigences particulières de cet arbre pour la culture en massifs forestiers. Ce n'est qu'en 1705 que Lord Weymouth l'a apporté en Europe et on ne l'a guère cultivé jusqu'ici que comme arbre d'ornement.

## XIX. GRAND PIN DU NÉPAUL [iij]. (Pinus Excelsa Nepalensis) 1823.

P. Strobus Excelsa, Pinus Excelsa, Pin de Dickson, Pin à feuilles pendantes (Pinus Pendula), improprement Pin Pleureur. — Pinus Chylla.

Le Grand Pin du Népaul est un arbre de magnifiques dimensions que l'on rencontre principalement dans la province hymalayenne dont il porte le nom ; il semble y préférer les pentes montagneuses les plus ouvertes et les plus exposées. Sur les versants méridionaux du Boutan, il forme de belles et vastes forêts qui de 2,000 mètres d'altitude s'élèvent jusqu'à 3,000 mètres et plus ; il est vrai que dans des stations aussi hautes les arbres se rabougrissent sensiblement. On le trouve encore dans le Gurwhal, aux environs de Sikkim et de Simla où il croît en mélange avec le cedrus deodara, le picea morinda et le pinus longifolia.

Il parvient, dans le Népaul, à des dimensions considérables ; on y trouve des arbres de son espèce qui ont jusqu'à 50 mètres de hauteur. Cependant son élévation normale et habituelle paraît se tenir entre 30 et 40 mètres, dimension déjà fort passable.

Le Pin du Népaul, que quelques horticulteurs appellent *Strobus Excelsa*, offre une grande analogie avec le Strobe proprement dit ou Pin du Lord, sauf, dit le marquis de Chambray (1), les différences suivantes : les feuilles du Pin de Népaul sont plus longues (15 à 18 cent.), plus larges, d'un vert encore moins foncé que celles du Pin Weymouth, et leurs raies blanches sont moins étroites ; ces feuilles se replient à une petite distance de la gaîne, de manière à affecter une disposition pendante ; elles sont plus nombreuses et plus pressées dans le pin des montagnes hymalayennes que dans celui du Canada. Leur inclinaison a fait donner à l'arbre qui les porte le nom de *Pin Pleureur*, mais cette dénomination ne nous paraît pas justifiée : un arbre pleureur est un arbre dont les menues

(1) Traité pratique des Arbres résineux conifères.

branches et les rameaux pendent verticalement, soit sous l'action de leur propre poids comme dans le saule, soit par la direction même de leur végétation comme dans le frêne. Mais la simple inclinaison des feuilles, encore qu'elle puisse donner à

Fig. 46. Rameau et cônes de Pin de Népaul.
1/6 des dimensions naturelles.

un arbre un aspect particulier et non sans agrément, ne suffit pas à notre avis, pour lui fournir le vrai caractère pleureur. Aussi préférons-nous, de beaucoup, traduire les mots *Pinus Pendula* par ceux-ci, *Pin à feuilles pendantes,* que par toute autre expression.

Les cônes sont cylindriques et pendants et ont la pointe atténuée ou obtuse (*fig.* 46) ; leurs dimensions sont assez fortes, 5 centimètres de diamètre (*fig.* 47) et 15 environ de longueur. Ils mûrissent en septembre ou octobre comme ceux du Pin du Lord, et, comme eux encore, s'entr'ouvrent et laissent échapper la graine de suite après la maturation.

Le tronc est droit, effilé, d'un gris-cendré plus clair et aussi lisse que celui de l'écorce du Pin Weymouth ; les branches sont étalées horizontalement et disposées par verticilles très-réguliers, celles du bas s'infléchissent quelquefois pour se relever par leur extrémité. La croissance du Pin du Népaul est plus rapide encore que celle du Strobe du Canada ; le fait est facile à constater sur des sujets provenant de greffes de la première de ces deux espèces entées sur la seconde. Cet arbre, appelé dans l'Inde, le *Roi des Pins*, dit M. Carrière, réunit les deux principales qualités que l'on cherche dans ces beaux végétaux : un port majestueux et un bois d'excellente nature et de croissance très-rapide. Le même auteur dit encore, et nous l'avons éprouvé nous-même, que le *Pinus Excelsa* est d'une vigueur et d'une rusticité à toute épreuve.

Tout se réunit donc pour recommander aux horticulteurs comme aux forestiers, à ceux qui recherchent la beauté des lignes, des formes et du feuillage comme à ceux qui envisagent de préférence le côté positif et pratique de chaque chose, l'arbre que nous étudions en ce moment, le plus beau et le plus avantageux, jusqu'ici, des pins à cinq feuilles. Ajoutons que son bois, au moins dans son pays d'origine, passe pour être d'une qualité supérieure : les Népaliens le préfèrent à celui de tous leurs autres pins et ne mettent guère au-dessus de lui que le bois de leur magnifique cèdre Deodara.

## Variété du Pin de Népaul.

Nous rattachons au Grand pin du Népaul le petit Pin du Péristère ou *Pin Peuce* que l'on avait d'abord cru devoir rapprocher du pin cembro, mais que des observations plus récentes ont définitivement fait reconnaître comme une forme particulière du *Ne-*

*palensis*. En effet, dit M. Carrière, dans la *Revue Horticole* (1), ses graines sont longuement ailées, tandis que celles des cembros sont dépourvues d'ailes; les rameaux, les cônes et les graines du *Pinus Peuce*, envoyés par M. Heldreich rappellent exactement ceux du *Pinus Excelsa* (*fig*. 46 et 47), dont il doit être une forme moins élevée. Les arbres atteignent à peine la moitié de la hauteur qu'atteint le Pin du Népaul; les cônes sont aussi plus petits et plus courts.

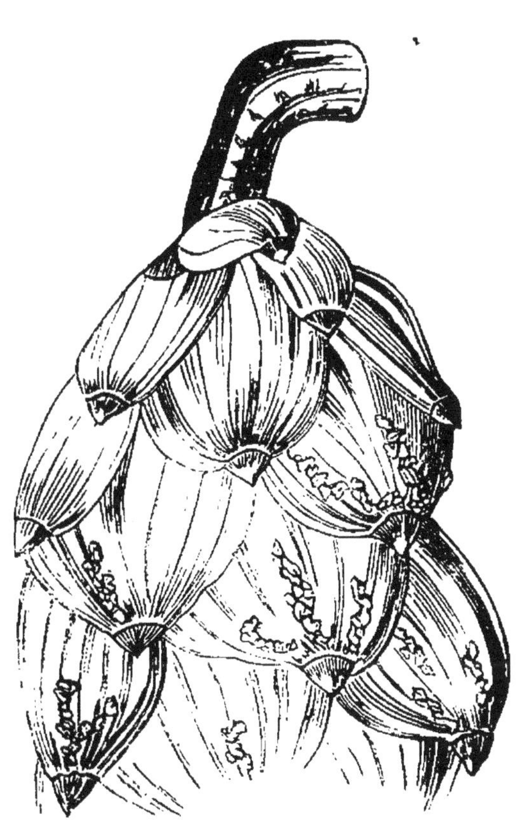

Fig. 47. Fragment de cône du Pin du Népaul (*P. Excelsa*). Grandeur naturelle.

C'est le botaniste Grisebach qui découvrit, pour

(1) Livraison du 1er juillet 1864.

la première fois, le Pin Peuce, en 1839, sur le mont Péristère, en Macédoine, entre 800 et 2,000 mètres d'altitude. Plus récemment, en 1855, croyons-nous, un Athénien, M. Orphanidès, le découvrit de nouveau dans les mêmes lieux et en envoya des branches chargées de cônes à MM. Hooker, directeurs des jardin et musée de Kew, qui reconnurent les caractères essentiels du Grand Pin des Indes Orientales.

## XX. Pin Ayacahuite [jv]. *Pinus Ayacahuita* (1840).

L'opinion de John Senilis, qui veut que tous les pins strobes ne soient que des formes, variétés, *quasi*-espèces d'un type unique, n'est pas toujours, il le faut reconnaître, dénuée de sérieuses apparences de raison. Le pin du Népaul et sa réduction le Pin Peuce sont grandement voisins du Strobe proprement dit; ils lui ressemblent tellement qu'à les voir isolés les uns des autres on s'y tromperait aisément. Or, le pin dont le nom figure en tête de la présente notice, ressemble étonnamment au Grand Pin; et comme les voisins des voisins sont voisins, il en résulte que le Pin Ayacahuite doit être un proche parent du Pin du Canada. Aussi quelques auteurs l'appellent-ils le *Pin Weymouth du Mexi-*

*que*, car le Mexique est son lieu d'origine. C'est en 1840 que M. Hartweg l'envoya en Europe du sein de la barbaresque contrée où il est indigène. C'est un arbre de 25 à 35 mètres, à branches bien verticillées et étalées ; l'écorce en est d'un vert mat ou gris-cendré et très-lisse sur les jeunes sujets ; elle se recouvre sur les pousses nouvelles d'un duvet ras de couleur ferrugineuse. C'est surtout par ses cônes que l'Ayacahuite se distingue des pins précédents ; ils sont longs de 30 à 35 centimètres, larges de 0,08 centimètres près de leur base ; leur forme est très-allongée et leur axe s'infléchit en une courbe arquée assez gracieuse. Leurs écailles, d'un gris-blanchâtre, sont d'une nature quasi-subéreuse et striées longitudinalement à l'extérieur : en outre, leur protubérance terminale s'infléchit au dehors en affectant une teinte rousse ou brunâtre, ce qui donne au cône un cachet particulier. Les feuilles sont longues de 10 à 12 centimètres, intermédiaires par conséquent entre celles du Pin du Lord et celles du Grand Pin, elles sont minces, étroites retombantes d'un vert très-glauque, très-finement dentées sur les bords.

La province de Chiapa, les points les plus élevés des montagnes de Combre dans l'Oaxaca, le Mont-Pelé (Monte-Pelado) forment, par 16 à 18 degrés de latitude, la station principale de ce pin du Mexique qui se rencontre également en assez grande abondance dans les montagnes du Quezaltenango à près de 3,000 mètres d'altitude et sur celle de Santa-Maria dont les habitants le nomment *Tablas* (1).

Le bois de l'Ayacahuite est blanc et mou, et paraît se rapprocher beaucoup de celui du Pin du Lord. Plus délicat que ce dernier, l'arbre ne paraît que médiocrement rustique et ne résisterait que difficilement à de très-grands froids.

## XXI. Pin de Lambert, [vi] (*Pinus Lambertiana*) 1827.

Ce pin serait encore, pour adopter le système du « Handbook », une quasi-espèce du strobe proprement dit. Découvert dans le nord de l'Amérique, vers 1827, entre 40 et 45 degrés de latitude boréale, et introduit en Europe à la même époque, le Pin de Lambert a été observé tout récemment (1853) par M. Boursier de la Rivière en Californie et au Mexique. Mais il varie dans les dimensions de ses feuilles et de ses cônes, dit encore le « Handbook » suivant les contrées qu'il habite : c'est sans doute

(1) Gordon.

par suite de cette circonstance que Hooker, dans la Flore de l'Amérique boréale, fait une variété à courtes feuilles, *Brevifolia*, du Lambertiana des montagnes Rocheuses, dont les feuilles sont, en effet, plus courtes et plus raides.

Douglas, le premier, observa ce pin : il le découvrit à 160 kilomètres des bords de l'océan Pacifique, couvrant de vastes étendues de pays, tantôt en massifs, tantôt dispersé çà et là et croissant sur des sables purs qu'on aurait pu croire incapables de produire aucune végétation. Là il atteignait les étonnantes dimensions de 50 à 65 mètres de hauteur sur 10 à 18 mètres de circonférence. Le tronc, cylindrique et droit, était dépouillé de branches jusqu'aux deux tiers environ de la hauteur. L'écorce, relativement lisse et unie, affectait deux nuances distinctes suivant l'exposition : brune du côté du midi, elle passait au blanchâtre à l'aspect du nord. Branches pendantes et donnant aux arbres l'aspect mélancolique et rêveur des

Fig. 48. Cône de Pin de Lambert. 1/25e des dimensions naturelles.

sapins; feuilles longues de 10 à 12 centimètres, d'un vert brillant mais non lustré, finement dentées sur les bords, rudes au toucher, striées de deux raies, blanches comme celles du strobe, mais beaucoup moins apparentes; cônes volumineux, mesurant 9 à 10 centimètres de diamètre sur 30 à 40 de longueur (1)! Ils sont situés à l'extrémité des branches, dressés la première année et pendants l'année suivante durant laquelle ils atteignent leur maturité; leurs écailles sont lâchement imbriquées (*fig.* 48), avec une protubérance terminale obtuse et brunâtre qui s'infléchit légèrement en dehors; chacune d'elles recou-

Fig. 49. Une écaille avec graines de cône de Pin de Lambert. Grandeur naturelle.

(1) Marquis de Chambray.

vre deux graines volumineuses (1), longuement ailées (*fig.* 49), dont l'enveloppe lisse, rougeâtre, crustacée mais peu dure, contient une amande comestible fort recherchée des habitants des contrées où le Pin de Lambert est indigène.

Les vieux arbres de cette espèce, dit M. Boursier de la Rivière, sécrètent, dans le cœur du bois seulement, une substance sucrée et nourrissante dont il affirme avoir souvent vécu dans les montagnes. Cette substance ne se rencontre jamais dans l'aubier qui ne laisse écouler que la résine, ni dans les jeunes arbres (2).

Le bois du Pin de Lambert est blanc, tendre et léger ; Senilis prétend qu'il est « inférieur au prototype strobe quand il croît dans les mêmes conditions. »

Le *Pinus Lambertiana* n'offrira probablement jamais tous les avantages qu'on en attendait, car son bois est de qualité inférieure, et sa croissance est très-lente dans nos cultures (3).

(1) 15 millimètres de longueur et 10 de largeur.

(2) Cette matière, dont il a été envoyé quelques échantillons au Muséum, est d'abord d'un gris cendré ou brunâtre, concrète, solide, granuleuse, onctueuse, douce et sucrée, fondant assez vite, et ne laissant dans la bouche aucun résidu ni arrière-goût. (M. Carrière.)

(3) Ibid.

### XXII. Pin de Hartweg [vij]. Pinus Hartwegii (1839).

Pin de Papeleu, Pin de Standish, Palla-Blanco.

Ce petit arbre appartient à une section particulière des pins à cinq feuilles qui se distinguent des précédents par cette circonstance, entre autres, que les écailles du cône sont munies d'une petite protubérance sur le milieu de la face dorsale, tandis que dans la première section elles ont cette protubérance à leur extrémité supérieure.

Le Pin du Hartweg ne dépasse pas 12 à 15 mètres de hauteur. Il est revêtu d'une écorce d'un gris-jaunâtre et porte de très-grosses branches irrégulièrement verticillées; ses feuilles sont épaisses quoiqu'assez déliées, longues de 15 à 20 centimètres et leur couleur est d'un gris sombre. Le tout lui fait une cime très-épaisse. Ses cônes pendent par bouquets (*fig*. 50); ils ont 10 à 12 centimètres de long et 5 de large environ; leur forme est cylindrique oblongue, et leur couleur est d'un brun foncé; ils sont légèrement courbés et obtus au sommet.

Ce pin a été découvert par Hartweg sur le mont Campanairo au Mexique, à une élévation supramarine de 3,000 mètres; il commence là où cesse de croître l'oyamel ou Sapin Sacré. D'après Gordon on le rencontrerait aussi sur la montagne d'Orizaba et près de Real del Monte à une altitude supé-

Fig. 59. Rameau avec cônes de Pin de Hartweg.
1/25e des dimensions naturelles.

rieure à la précédente; il y parviendrait à une hauteur de 100 pieds. Le même auteur ajoute que le bois en est excellent, d'une grande durée et qu'il regorge d'une résine rougeâtre d'une extrême abondance. Enfin, d'après M. de Mortilliers, cet arbre croîtrait avec vigueur et résisterait assez bien au froid dans nos climats. M. Van Geert donne un renseignement absolument contraire, mais il faut tenir compte de ce que ce dernier habite la Belgique, tandis que M. de Mortilliers demeure en Dauphiné. Tous deux peuvent donc être dans le vrai, chacun au point de vue du lieu où il réside.

---

Nous terminerons ici le chapitre relatif à la monographie des Pins ; mais nous ferons observer, avant de clore ce premier volume, que nous avons dû en laisser de côté un assez grand nombre dont plusieurs n'étaient pas dépourvus d'intérêt. Obligé de nous restreindre à un cadre assez étroit qu'il n'a pas dépendu de nous d'élargir, nous avons dû nous borner pour les pins, dont le nombre est si grand, aux espèces rigoureusement indispensables. Nous passons sous silence notamment toute la série des *Faux Strobes* (Pseudostrobus) ainsi que les pins mexicains récemment signalés par Roelz, dont plusieurs, il est vrai, se confondent avec d'anciennes espèces, mais qu'il eût été intéressant toutefois de passer en revue.

Dans le deuxième volume nous étudierons les autres ordres mentionnés à notre 4ᵉ chapitre, page 66 et qui, tous réunis, forment un ensemble moins considérable et bien moins important que le seul ordre des Abiétinées. Puis nous clorons ce modeste ouvrage par une table synonymique dans laquelle nous nommerons au moins les plus importantes des espèces dont nous avons dû laisser la monographie de côté.

FIN DU PREMIER VOLUME

Clichy. — Impr. Maurice LOIGNON et Cie, 12, rue du Bac-d'Asnières.

## BEAUX ARTS — ARCHÉOLOGIE

**La Colonne Trajane.** — 220 planches in-folio en couleur, en phototypographie d'après le surmoulage exécuté à Rome en 1861 et 1862. Texte orné de nombreuses vignettes, par W. FRŒHNER (*Conservateur du Louvre*). . . . . . . . . . . . . . . . 600 fr.

**Les Musées de France.** — Monuments antiques reproduits en chromolithographie, gravure sur bois, phototypographie. Texte par W. FRŒHNER (*Conservateur du Louvre*). — Un volume in-folio, avec 40 planches . . . . . . . . . . . . . . . . . . . 100 fr.

**Numismatique de la Terre-Sainte**, par F. DE SAULCY (*Membre de l'Institut*). In-4°, avec 25 pl., 60 fr.; sur pap. de Hollande. 90 fr.

**La Dentelle** à l'aiguille, aux fuseaux. 50 planches donnant les plus beaux types de dentelles avec texte orné de vignettes, par J. SÉGUIN. — In-folio, 100 fr.; sur papier de Hollande. . . . 160 fr.

## AGRICULTURE

**Les Plantes fourragères.** — Atlas in-folio, avec 60 planches accompagnées d'une légende, par V.-J. ZACCONE (*Sous-intendant militaire*). — Avec fig. noires, 25 fr.; avec fig. coloriées . . . 40 fr.

**Prairies et Plantes fourragères**, par ED. VIANNE (*Directeur du* Journal d'Agriculture progressive). — In-8° avec 170 gr. . 8 fr.

**Le Brome de Schrader**, Par A. LAVALLÉE. 4e édition. In-18 avec 2 planches sur acier . . . . . . . . . . . . . . . . . . . 1 fr. 50

**Dictionnaire vétérinaire**, par L. FÉLIZET (*Vétérinaire*). Introduction de J.-A. BARRAL. — In-18, relié. . . . . . . . . . . . 2 fr. 50

**La Pustule maligne.** — Charbon, sang de rate, par CH. BABAULT (*Docteur médecin*). — In-18, relié. . . . . . . . . . . . . 2 fr.

**Législation protectrice des Animaux**, par B. de BEAUPRÉ (*Docteur en droit*). 3e édition. — In-18, relié. . . . . . . . . . . . 0 fr. 75

**Les Oiseaux utiles et nuisibles** aux champs, jardins, vignes, forêts, etc., par H. DE LA BLANCHÈRE. 2e édition. In-18, relié, avec 150 gravures . . . . . . . . . . . . . . . . . . . . . . . . 3 fr. 50

**La Culture économique** par l'emploi des instruments et machines, par ED. VIANNE. — In-18 avec 204 figures, relié. . . . 2 fr. 50

**Enquête sur les Engrais**, par MM. DUMAS (*Membre de l'Institut*) et DE MOLON. — In-18, relié . . . . . . . . . . . . . . 2 fr.

www.ingramcontent.com/pod-product-compliance
Ingram Content Group UK Ltd.
Pitfield, Milton Keynes, MK11 3LW, UK
UKHW020102200726
13856UKWH00002B/336